跨流域调水工程
突发水污染事件
应急调控决策体系与应用

龙岩　雷晓辉　马超　王浩　练继建　等　著

U0291636

中国水利水电出版社
www.waterpub.com.cn
·北京·

内 容 提 要

本书共分为 6 章。第 1 章绪论，主要概述了实际需求、相关研究进展，开展这项工作的意义与技术难点；第 2～5 章分别是风险评价方法、追踪溯源方法、闸控方式优选和污染物快速识别研究、应急调控决策和预案研究，紧密结合了调水工程突发水污染事件性质及工程需求，采用数值模拟、物理模型试验和现场试验相结合的手段，针对不同类型污染物的输移扩散过程，借鉴层次结构分析法、协调度模型等相关学科的研究成果，提出调水工程突发水污染事件追踪溯源方法、风险评价方法、应急调控决策模型，建立多类型突发水污染事件应急调控预案库，构建了适用于调水工程的突发水污染事件应急调控决策体系；第 6 章结论与展望，简要总结了本书的主要结论及体会，并讨论了存在的问题与今后努力的方向。

本书主要面向应急调控、突发水污染处置等相关专业的教师和研究生以及长距离调水工程运行调度与管理领域的技术人员。

图书在版编目（C I P）数据

跨流域调水工程突发水污染事件应急调控决策体系与
应用／龙岩等著. -- 北京：中国水利水电出版社，
2020.7
  ISBN 978-7-5170-8703-8

Ⅰ．①跨… Ⅱ．①龙… Ⅲ．①跨流域引水－调水工程
－水污染－突发事件－处理 Ⅳ．①X52

中国版本图书馆CIP数据核字(2020)第126692号

书　　名	跨流域调水工程突发水污染事件应急调控决策体系与应用 KUA LIUYU DIAOSHUI GONGCHENG TUFA SHUI WURAN SHIJIAN YINGJI TIAOKONG JUECE TIXI YU YINGYONG
作　　者	龙岩　雷晓辉　马超　王浩　练继建　等 著
出版发行	中国水利水电出版社 （北京市海淀区玉渊潭南路 1 号 D 座　100038） 网址：www. waterpub. com. cn E - mail：sales@waterpub. com. cn 电话：(010) 68367658（营销中心）
经　　售	北京科水图书销售中心（零售） 电话：(010) 88383994、63202643、68545874 全国各地新华书店和相关出版物销售网点
排　　版	中国水利水电出版社微机排版中心
印　　刷	清淞永业（天津）印刷有限公司
规　　格	170mm×240mm　16 开本　8.25 印张　162 千字
版　　次	2020 年 7 月第 1 版　2020 年 7 月第 1 次印刷
定　　价	**48.00 元**

前　言

　　水资源分布不均匀性与人类社会需水不均衡性的客观存在使得长距离输水成为必然。随着我国调水工程的不断增多，以及突发水污染事件频繁地发生，如何快速有效地调控处理突发水污染事件成为一个客观现实的问题。调水工程线路长，分布广，平立交建筑物众多，要求实行不间断供水，部分沿线穿过城镇，工业企业密集，易发生突发水污染事件。当发生突发性水污染事件时，如果处理不合理、不及时，不仅会对输水渠道造成危害，还会给人类和社会带来经济和环境的巨大灾难。这就要求管理者在事件发生后需要快速知道污染事件发生位置、污染范围及事件风险，并依据污染物输移扩散规律确定合理有效的调控方案，最大程度降低事件的不利影响。因而对调水工程突发水污染事件，研究应急调控体系的建立是非常重要的。基于此，本书开展了调水工程突发水污染事件应急调控决策体系研究。

　　编者根据我国环境保护工作及水污染治理工作发展的实际需要，结合实践经验，按照国家有关法规、标准、技术导则和最新学科研究成果，编写了此书。

　　全书以突发水污染控制为核心，注重理论与实验相结合，提出了基于不同类型污染物输移扩散特性的调水工程突发水污染事件应急调控决策体系。全书力求通俗易懂、简明实用，既有理论分析、物理模型实验，又有案例分析。本书可供环境类、市政工程类、土木工程类和水利工程类等相关专业科研人员和工程技术人员作为技术参考书，也可作为相关专业的硕士生和本科生的参考书。

　　本书共分为6章：第1章概述了实际需求，相关研究进展，开展这项工作的意义与技术难点；第2～5章分别紧密结合了调水工程突发水污染事件性质及工程需求，采用数值模拟、物理模型试验和现场试验相结合的手段，针对不同类型污染物的输移扩散过程，借鉴层次结构分析法、协调度模型等相关学科的研究成果，提出调水工程突发水污染事件追踪溯源方法、风险评价方法、应急调控决策模型，建立多类型突发水污染事件应急调控预案库，构建了适用于调水工程的突发水污染事件应急调控决策体系；第6章简要总结了本书的主要结论及体会，并讨论了存在的问题与今后努力的方向。

参加本书编写的主要人员有：龙岩、雷晓辉、马超、王浩、练继建、贾沼霖、李有明、张运鑫、王孝群、邵楠、鲁冠华、张云辉、郑和震。

本书研究工作得到了国家科技重大专项课题"多水源格局下城市供水安全保障技术体系构建"（2017ZX07108－001）、"水质水量联合调控与应急处置关键技术研究与运行示范"（2012ZX07205－04）和天津市应用基础与前沿技术研究计划（自然科学基金重点项目）"考虑水质要求的南水北调中线天津干线安全输水调控研究"等项目的资助，同时，本书编写过程中参考了许多研究者的有关成果，在此一并致谢。

限于编者水平和时间，书中不足之处在所难免，恳请读者批评指正。

作者

2020 年 1 月

目　　录

第1章 绪　　论

1.1　调水工程概况

水是地球上最丰富的一种化合物。全球约有 3/4 的面积覆盖着水，其中 96.5％分布在海洋。若扣除无法取用的冰川和高山顶上的冰冠，以及分布在盐碱湖和内海的水量，陆地上淡水湖和河流的水量不到地球总水量的 1％，而且分布不均。约 65％的水资源集中在不到 10 个国家，而约占世界人口总数 40％的 80 个国家和地区却严重缺水。据联合国公布的统计数据，全球目前有 11 亿人生活缺水，26 亿人缺乏基本的卫生设施。由于地球上人口分布与淡水资源分布不成比例，加上水资源污染和使用过程中的浪费，世界上许多国家和地区存在着淡水资源紧张的情况。随着经济的不断发展，人们对淡水的需求不断增加，2025 年，淡水资源紧缺将成为世界各国普遍面临的严峻问题。

就单一国家来讲，水资源的分布也是极不均衡的。美国水资源分布特点为东多西少，东部年降水量为 800～1000mm，是湿润与半湿润地区；西部 17 个州为干旱和半干旱区，年降水量在 500mm 以下；西部内陆地区只有 250mm 左右；科罗拉多河下游地区不足 90mm，是全美水资源较为紧缺的地区。澳大利亚水资源时空分布不均，降水主要集中在东部山脉、台地和谷地相接的狭长地带，而中部和西部沙漠地区年平均降水量不足 250mm，同时降水主要集中在冬春之间，5—12 月降水占全年总量的 2/3，降水时空分布极其不均匀。加拿大地广人稀，境内河流众多，湖泊密布，是世界上水资源最丰富的国家之一，但存在着水量地区分布不均的现象，很多水资源分布在不发达地区，而有些地区如大草原区以及南部居民集中区域，尚不能满足目前对水的需求。

我国水资源的总量比较丰富，居世界第六位，但人均占有量为 $2.23 \times 10^3 \mathrm{m}^3$，仅为世界平均水平的 1/4，是全球 13 个人均水资源最贫乏的国家之一[1]。而且我国水资源分布不均匀，北方地区地多水少，南方地区地少水多[2]。到 20 世纪末，全国 600 多座城市中，已有 400 多个城市存在供水不足问题，其中比较严重缺水城市达 110 个，全国城市缺水总量为 $6 \times 10^9 \mathrm{m}^3$；我国各区域缺水情况见表 1.1。

表 1.1
我国各区域缺水情况

区　域	人均水资源量/(m³/人)	缺水程度
全国	2230	接近中度缺水
北方地区	903	严重缺水
南方地区	3302	不缺水
松花江区	2333	轻度缺水
辽河区	909	严重缺水
海河区	293	极度缺水
黄河区	647	严重缺水
淮河区	497	极度缺水
长江区	2246	轻度缺水
东南诸河区	2899	轻度缺水
珠江区	3193	不缺水
西北诸河区	4463	不缺水

从工业革命至今，随着全球人口增长、工农业发展以及城市化进程加速，许多地区的淡水资源已经是"供不应求"，而水资源的污染更加剧了供需之间的这种矛盾，使得调水工程成为必然。调水工程又称为跨流域调水工程[3-5]，是在两个或两个以上的流域系统之间通过调剂水量余缺所进行的水资源综合配置和利用的工程。这些已建或在建的输水工程大多数取得了显著的经济效益、社会效益和环境效益，为减缓受水区水资源严重短缺的危机提供了有力的支持。同时，在经济相对落后地区，输水工程的发展不仅推动受水区经济发展，改变当地贫困落后的状况，同时也改善生态环境，促进社会安定团结[6,8]。

1.1.1　国外调水工程

调水工程作为有效地缓解水资源分配不均、实现水资源合理配置和高效利用的重要工程，已成为或将成为许多国家水利及水生态建设中的一项重要内容[8]。导致输水工程大规模修建的主要原因：一方面是第二次世界大战以后，各国都致力于经济的复苏和发展，全球人口飞速增长，使得工农业及生活用水需求急剧增加，尤其是降水及径流量较小的地区面临巨大的缺水压力，急需兴建大批调水工程来解决供水问题；另一方面是科学技术取得了突飞猛进的发展，人类改造自然、创新及制造能力大幅提升，使得跨流域、长距离、多目标调水工程在施工建设上成为可能。这些输水工程对我国南水北调工程的规划建设、运营调度、水质安全保障等起到了积极的示范作用。

　　据不完全统计，国外已有 39 个国家建设了 345 项大大小小的调水工程[10-12]，年调水规模超过了 5000 亿 m³，相当于半条长江，在建和拟建调水工程达 160 多项，分布在 24 个国家，其经济效益和社会效益明显。其中已建的调水工程调水量较大的是巴基斯坦西水东调工程，年调水量为 148 亿 m³；距离较长的是美国加利福尼亚州（加州）北水南调工程，输水线路长 1000 多千米，调水总扬程为 1151m，年调水量为 52 亿 m³。早在 20 世纪初，美国、印度、德国等多个国家开始新建大型的现代化调水工程，如美国中央河谷工程、加利福尼亚水道工程，印度萨尔达萨罗瓦调水工程以及德国巴伐利亚调水工程等[13]。下面介绍几个典型的调水工程。

　　1. 美国加州北水南调工程

　　美国西部干旱缺水，为此先后建成十几项调水工程，其中最具代表性的就是著名的加州北水南调工程。

　　加利福尼亚州的北水南调工程，是全美最大的多目标开发工程。加利福尼亚州位于美国西海岸。北部气候湿润多雨，萨克拉门托河水系水量丰沛；南部气候干燥，地势平坦，光热条件好，是美国著名的阳光地带，那里生活着该州 2/3 的人口，水源却与人口成反比例。

　　1960 年，加州进行了全民投票公决，调水决策以 51% 的支持率获得通过。于是，一项规模宏大的北水南调工程开工了。从加州最北边的奥罗维尔湖到最南端的佩里斯湖，整个调水工程主干道南北绵延 1000 多千米，占加州南北总长度的 2/3，经过了 13 年的努力，在 1973 年完成了输水主管道的建设。目前，加州北水南调工程的年调水量达 52 亿 m³，供加州南部 2000 万人使用，即全州 2/3 人口因此受益。这些北水 70% 用于城市，30% 用于农村，60 万英亩的农田靠它灌溉。

　　目前，加州的人口、经济实力、灌溉面积、粮食产量全部位居美国第一，洛杉矶更是发展为美国第二大城市。当年许多投反对票的居民也不得不承认，北水南调工程对加州经济起飞的贡献，确实功不可没。

　　2. 澳大利亚雪山工程

　　澳大利亚虽然地广人稀，人均占有淡水资源不少，可是澳洲大陆全境年均降水量仅为 470mm，是世界上降水量较少的大陆，其内陆部分地区存在着干旱缺水较为严重的状况。为了解决那里缺水的问题，澳大利亚从 1949 年开始修建一个规模宏大的雪山调水工程，直至 1975 年完全竣工，历时 26 年。位于澳大利亚东南部的雪山东坡斯诺伊河的一部分多余水量引向西坡的缺水地区。沿途还利用水位落差发电。雪山调水工程包括 7 座水电站、80km 的引水管道、11 条共 145km 的压力隧洞、16 座大坝及其形成的调节水库、1 座泵站、510km 的 330kV 高压电网等等，年供水 23.6 亿 m³，灌溉总面积 26 万 hm²，是澳大利亚跨州界、跨流域，集发电、调水功能于一体的水利工程，也是世界上较为复杂的大型调水工程。它保证了阿德雷德市和重要工业区"铁三角"（Iron Triangle）的水源供应，大大促进了墨累-达令盆地农牧业的发展。它所发的电被输送到堪培拉和墨尔本、悉尼等城市，并参与电网调峰。它的16 座水库点缀于绿树雪山之间，成了旅游胜地。在它的帮助下，西部水质也大为改善，生态环境变得更加宜人。

3. 俄罗斯莫斯科运河工程

1930 年，莫斯科的水资源开发殆尽后，苏联开始兴建莫斯科-伏尔加运河（1947 年后改称莫斯科运河），不仅为首都莫斯科市提供了稳定水源，而且显著改善了莫斯科河的水质及城市景观。该工程年实际供水量还使莫斯科同圣彼得堡间航程大大缩短，发电量更超过 2 亿 kWh。正如一些水利专家所说，没有莫斯科运河，就没有今天的莫斯科市。

4. 埃及西水东调工程

埃及国土面积为 100 万余 km^2，绝大部分为沙化地和沙漠，适宜于人居和农业生产的地区只有尼罗河三角洲和尼罗河谷地，仅占国土面积的 4%。然而，随着埃及人口的增长和人民生活水平的提高，粮食不能自给，需要扩大耕地面积和提高单位面积产量双管齐下的举措增加粮食产量。而埃及人口集中在尼罗河三角洲和尼罗河谷，其他地方人烟稀少，位于亚洲部分的西奈半岛基本没有开发，对国家均衡发展极为不利，从长远经济和社会发展要求考虑，迫切需要开发。西奈北部地势平坦，适于农耕，制约西奈发展的关键因素是"水"，而西奈半岛非常缺水，地表大部为沙漠覆盖，埃及唯一的水源是位于非洲的尼罗河，要开发亚洲的西奈，只有跨大洲从尼罗河调水，别无他途。于是 20 世纪 90 年代西水东调工程全面开工建设。该工程将尼罗河水调至干旱缺水的西奈半岛，为工农业生产和人民生活提供了宝贵的水资源。该调水工程其主干线长 262km，设有 7 级提水泵站，年供水量超过 40 亿 m^3。将为苏伊士运河两岸新增 380 万亩耕地，为 150 万人口提供生活用水，缓解埃及的粮食短缺状况，大大促进干旱的西奈半岛的全面发展和繁荣。

1.1.2 国内调水工程

我国是世界上最早进行调水工程建设的国家之一。远在公元前，为解决水资源紧张问题、促进经济发展，先后修建了多项大型跨流域调水工程，如公元前 486 年修建的邢沟工程、公元前 361 年修建的鸿沟工程、公元前 219 年修建的灵渠工程[14]。我国已建和正在建设的较大调水工程有南水北调、引滦入津、引黄济青、引黄入晋、引江济太、引大入秦、东阳义乌调水等。我国已建部分调水工程的基本情况[15]见表 1.2。

表 1.2　　　　　　　　　　　我国已建部分调水工程

工程名称	工程地点	供水地区	简 要 描 述
江苏江水北调	江苏龙头站至江都站	里下河、白马湖地区	补给农业用水、航运、电厂、城市和港口用水
东深供水工程	广东东江	香港、深圳	供水香港、深圳；灌溉农田 16.85 万亩；发电、防洪和排涝
九龙江北溪引水	福建龙海江	厦门	供水厦门 80% 以上市用水量，灌溉 16 万亩农田
甘肃引大入秦	甘肃、青海交界处的大通河	兰州市永登县秦王川地区	跨流域东调 120km，引到兰州市以北 60km 处干旱缺水的秦王川盆地，是一项规模宏大的自流灌溉工程
天津引滦入津	唐山大黑汀水库	天津	解决天津生活、工业缺水问题
山东引黄济青	山东滨州	青岛	改变了青岛原先缺水面貌，促进工农业自由发展，改观居民生活
西安黑河引水	陕西西安黑河	西安	解决西安水荒问题
河北引青济秦	河北青龙河	河北秦皇岛	提高了秦皇岛人民生活用水质量，改善了群众的生活条件
河北引黄入卫	山东聊城	华北、白洋淀	缓解华北水资源严重短缺问题
吉林引松入长	松花江	吉林	改观了长春市的供水格局
引黄入冀	山西省偏关县西北黄河干流	河北省东南部地区	缓解河北省东南部地区农业严重缺水的状况
山西引黄入晋[16]	山西省偏关县西北的黄河干流	山西地区	解决山西水资源紧缺，促进山西经济社会和生态环境可持续发展
南水北调中线	丹江口水库陶岔渠首闸引水	河南、河北、天津、北京	为沿线 20 多座大中城市提供生活和生产用水，并兼顾沿线地区的生态环境和农业用水
南水北调东线	江苏扬州三江口	华北地区	解决华北地区生产生活用水
南水北调西线	通天河、雅砻江和大渡河上游筑坝建库	西北地区	补充黄河水资源不足，解决我国西北地区干旱缺水，促进黄河治理开发

下面介绍几个典型的调水工程。

1. 南水北调工程

从 20 世纪 50 年代提出"南水北调"的设想后，经过几十年研究，南水北调的总体布局确定为：分别从长江上、中、下游调水，以适应西北、华北各地的发展需要，即南水北调西线工程、南水北调中线工程和南水北调东线工程（图 1.1）。

南水北调总体规划推荐东线、中线和西线三条调水线路。通过三条调水线路与长江、黄河、淮河和海河四大江河的联系，构成以"四横三纵"为主体的总体布局，以利于实现我国水资源南北调配、东西互济的合理配置格局。规划的东线、中线和西线到 2050 年调水总规模为 448 亿 m³，其中东线为 148 亿 m³、中线为 130 亿 m³、西线为 170 亿 m³。

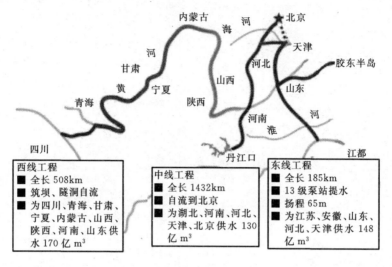

图 1.1　南水北调工程

（1）东线工程。利用江苏省已有的江水北调工程，逐步扩大调水规模并延长输水线路。东线工程从长江下游扬州抽引长江水，利用京杭大运河及与其平行的河道逐级提水北送，并连接起调蓄作用的洪泽湖、骆马湖、南四湖、东平湖。出东平湖后分两路输水：一路向北，在位山附近经隧洞穿过黄河；另一路向东，通过胶东地区输水干线经济南输水到烟台、威海。

（2）中线工程。从加坝扩容后的丹江口水库陶岔渠首闸引水，沿唐白河流域西侧过长江流域与淮河流域的分水岭方城垭口后，经黄淮海平原西部边缘，在郑州孤柏嘴山湾处穿过黄河，继续沿京广铁路西侧北上，可基本自流到北京、天津。

（3）西线工程。在长江上游通天河、支流雅砻江和大渡河上游筑坝建库，开凿穿过长江与黄河的分水岭巴颜喀拉山的输水隧洞，调长江水入黄河上游。西线工程的供水目标主要是解决涉及青海、甘肃、宁夏、内蒙古、陕西、山西等 6 省（自治区）黄河上中游地区和渭河关中平原的缺水问题。结合兴建黄河干流上的骨干水利枢纽工程，还可以向邻近黄河流域的甘肃河西走廊地区供水，必要时也可相继向黄河下游补水。

2. 引滦入津工程

20 世纪 70 年代末，天津遭遇半个世纪以来最严重的水荒，由于经济迅速发展，人口剧增，用水量急剧加大，而主水源海河的上游由于修水库、灌溉农田等原因，流到天津的水量大幅度减少，造成天津供水严重不足。1981 年 8 月，党中央、国务院决定兴建引滦入津工程（图1.2）。

图 1.2 引滦入津工程

引滦入津工程将河北省境内的滦河水跨流域引入天津市的城市供水工程。水源地位于河北省迁西县滦河中下游的潘家口水库，向天津供水 10 亿 m³/年。由潘家口水库（参见潘家口水利枢纽）放水，沿滦河入大黑汀水库调节。引滦工程总干渠的引水枢纽工程为引滦入津工程的起点，穿越分水岭之后，沿河北省遵化市境内的黎河进入天津市境内的于桥水库调蓄，再沿州河、蓟运河南下，进入专用输水明渠，经提升、加压由明渠输入海河，再由暗涵、钢管输入芥园、凌庄、新开河 3 个水厂，引水线路全长 234km。

3. 引黄入晋工程

引黄入晋工程位于山西西北部，从黄河干流的万家寨水库取水，分别向太原、大同和朔州 3 个能源基地供水，由总干线、南干线、连接段和北干线四部分组成，设计年引水 12 亿 m³。引水线路总长 449.8km，工程分期实施：一期工程经总干线、南干线及连接段实现向太原引水 3.2 亿 m³/年；二期工程经总干线、北干线向朔州、大同引水 5.6 亿 m³/年和最终实现向太原引水 6.4 亿 m³/年。

4. 引黄济青工程

引黄济青工程（图 1.3）是中国山东省境内一项将黄河水引向青岛的水利工程（跨流域、远距离的大型调水工程）。它是"七五"期间山东省重点工程之一，也是山东省近几十年以来最大的水利和市政建设工程。

引黄济青工程建有 253km 的人工衬砌输水明渠和 22km 的暗渠。黄河水在滨州的引黄济青工程的起点进行沉淀，向东南经过东营、潍坊，最后抵达青岛市境内的棘洪滩水库。

工程从黄河引水到青岛，具有引水、沉沙、输水、蓄水、净水、配水等设施，功能齐全，配套完整，已经是青岛市主要用水的来源并使青岛摆脱了缺水的困难。

在经济上，根据青岛市估算，该工程将为青岛增加经济效益 300 多亿元，使高氟、咸水区的居民喝上了正常水，为渠道博兴县提供农灌用水近 10 亿 m³，沿途城乡也得到 61 亿多 m^3 的供水，可增加粮食 5.1 亿多公斤。

在地理上，有效地补偿了地下水，回灌补源 6 亿多 m^3，防治了海水内侵的危害。

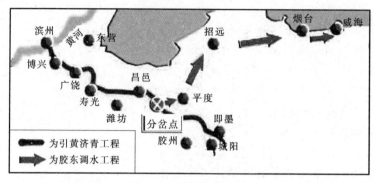

图 1.3 引黄济青工程

5. 东深供水工程

东深供水工程，引东江水南流至深圳市，需将其中一条原本由南向北流入东江的支流——石马河变成一条人工运河，河水由下游抽回上游，逆流而上，工程因而相当艰巨。1963 年，工程展开，经八级提水，将水位提高 46m 后，注入雁田水库，再由库尾开挖 3km 人工渠道，注水至深圳水库，再由深圳水库直接供应香港。东深供水工程运河起自广东省东莞市桥头镇，流经司马、旗岭、马滩、塘厦、竹塘、沙岭、上埔、雁田及深圳等地，全长 83km，主要建设包括 6 座拦河闸坝和八级抽水站。工程于 1965 年 1 月完成，3 月 1 日开始向港供水。除供港外，还灌溉沿线农田 16.85 万亩，排涝 6000 亩，每年向深圳沿线城乡提供 3000 万 m^3 生活用水。

东江水抵深圳水库后，经两条横跨深圳河的水管，输入位于边境木湖的接收水池，然后再输往木湖抽水站。第一条自边境铺设的水管，是在 1960 年达成深圳供水协议后装置的，水管直径为 48in❶，全长约 10mi❷。1964 年增设的第二条直径为 54in 水管，起自新界文锦渡，经梧桐河抽水站至大埔头输水隧道，与船湾淡水湖系统连接。该输水管自梧桐河泵房经上水、粉岭抵达大埔头后，经过泵房注入大埔头，至下城门水塘输水隧道转沙田滤水厂，供应市区。

1.2 突发水污染事件应急技术研究进展

跨流域调水工程中，水质安全是输水工程发挥经济效益和社会效益的重要

---

❶ 1in＝254cm。

❷ 1mi＝1609.344m。

保障。但是近年来突发水污染事件发生频繁，不仅给环境带来不可估量的影响，还对社会和经济发展带来威胁，引发了人们对输水工程用水安全的担忧。自进入 21 世纪以来，我国进入了城市化快速发展的阶段，环境压力越来越大，环境突发事件频繁发生。在突发环境污染事件中，发生频率最高的就是突发水污染事件[17]。根据相关学者对突发环境事件的统计可知[18,19]，自从 2005 年发生松花江特大水污染事件之后，基本上平均每两天发生一起突发环境污染事件，其中约 70%的环境污染事件为水污染事件。由于水是人们生活不可缺少的资源，水污染事件带来的影响巨大，因此水环境问题引发的群体性事件呈显著上升趋势，引起国内外广泛关注。根据 2007—2015 年的《中国环境状况公报》中公布的数据，自 2007 年以来，国家环境保护部每年接到上报并直接调度处置的突发环境污染事件、突发水污染事件及其所占的比例见表 1.3。

表 1.3　2007—2015 年国家环境保护部直接调度处置的突发环境污染事件、
突发水污染事件及其所占用比例

年份	环境保护部直接调度处置的突发环境事件	突发水污染事件	突发水污染事件所占突发环境事件比例
2015	82	36	43.9%
2014	98	60	61.2%
2013	68	31	45.2%
2012	33	30	90.9%
2011	106	39	36.8%
2010	156	75	48.1%
2009	171	82	48.0%
2008	135	74	54.8%
2007	110	34	30.9%

　　由表 1.3 可以看出，突发水污染事件一直在突发环境事件中占重要地位。近年来，随着人们对环境保护意识的加强和国家环保力度的加大，突发环境事件得到一定的控制，但是水污染事件所占的比例仍比较大。由于水是人类生活、生产不可缺少的资源，因此在众多环境突发污染事件中，突发水污染事件的影响是最大的，它不仅给人类带来巨大的经济损失，还会给社会秩序的稳定和生态环境发展带来不可估量的损失[20]。典型的案例有 2004 年黄河包头段挥发酚特大水污染事件、2005 年松花江特大突发苯污染事件、2011 年新安江苯酚泄漏事件、2012 年广西龙江镉污染事件以及 2013 年的山西浊漳河苯胺泄漏事件等[21]。一般在发生突发水污染事件时，不仅向水体中排放大量的有毒有害物质，快速地造成水体水质的恶化，同时由于水的性质，还会给周边的土

壤、大气以及动植物带来不可预计的危害。因此，突发水污染事件带来巨大的危害和损失，需要合理有效的方针和措施进行防治。

随着我国调水工程的不断增多，以及突发水污染事件的频繁发生，如何快速有效地调控处理突发水污染事件成为一个客观现实的问题。而调水工程由于其输水线路长、沿线控制建筑物众多、要求实行不间断供水等特性，调度和控制都十分复杂[22]。当发生突发性水污染事件时，如果处理不合理、不及时，不仅会对输水渠道造成危害，还会给人类和社会带来经济和环境的巨大灾难[23]。因而对调水工程突发水污染事件，研究应急调控体系的建立是非常重要的。

1.2.1 调水工程中突发性污染物输移扩散规律研究进展

在调水工程中，突发水污染事件是制约水质安全的主要因素，因此掌握调水工程污染物输移扩散规律是非常重要的。调水工程中的污染物输移扩散规律的研究可为突发水污染事件风险预警、应急调控、预案生成等提供支持，在应急调控体系中意义重大。不同污染类型其输移扩散规律差别较大，常见的河渠突发水污染主要有两类：可溶性污染和漂浮油类污染。由于刘晓轻等[24]已经研究了漂浮油类污染物输移扩散规律，并提炼出正常输水情况下油膜运移距离和油膜纵向长度的快速预测公式，因此本书主要是对突发可溶性污染物输移扩散规律进行研究。

近年来，许多学者开始对污染物输移扩散规律进行研究。相对来说国外学者开展得比较早[25]；主要是对局部纵向离散系数和流域尺度的污染物输移扩散的研究[26]。目前在污染物输移扩散规律的研究过程中，学者们主要是通过构建突发水污染数值模型，开展河流系统的水动力条件以及可溶污染物的输移扩散规律模拟，能够很好地预测污染范围及污染程度[27,28]，为污染控制及处置提供科学依据。随着人们对水质安全关注度的提升，对流域突发水污染事件污染物输移扩散模型的研究不断增强。宋利祥等[29]为了有效模拟水闸调度影响下河网水流运动及污染物输运过程，建立二维水流-输运耦合数学模型。朱德军[30]分析比较了不同流态下污染物的输移规律。陈丽萍[31]等通过建立的浓度压缩性模型来反映在自由水面上水和空气相对速度对危化品迁移的影响；冯民权等[32]的研究表明旁侧入流对渠道的水位和流量都有不同程度的影响，将对流项和扩散项分开求解可用来解决污染问题。

目前，基于南水北调中线工程及其他输水工程正式运行，针对调水工程突发可溶性水污染事件污染物输移扩散研究逐步受到关注。Tang等[33]基于南水北调中线工程，构建京石段一维水动力水质模型，模拟不同污染量级、不同污染位置和不同污染类型下的污染物输移扩散情景，并对污染物峰值浓度对上述参数的响应规律做出定性判断;高学平等[34]建立的引黄济津河道水位数值模型,对引黄济津河道的水质状况进行预测,结果较好;郭庆园[35]提出京石段水质输移扩散变化规律;张晨[36]通过构建数值模型,探究了引黄济津河道和于桥水库下游渠道段突发水污染事件下的水动力和水质情况。但是,这些研究主要是针对天然河道突发可溶污染输移扩散[37,38],对输水工程污染指标预测的研究成果较少,大部分针对单一明渠在正常输水情况下污染物扩散,并未提出多河段内的污染特征参数预测公式及闸门调控情况下污染物扩散规律的研究。

综上所述,现有研究主要针对天然河道和单一明渠构建正常输水情况下突发水污染模型,通过数值模拟实现重要控制目标,而对于不同输水状况下污染物的输移扩散规律研究较少;并且天然河道断面沿程变化大,河道在汛期和枯水期的流量难以确定,沿程流速及纵向离散系数变化大[39,40],开展闸门调控下污染物输移扩散规律研究难度大。而调水工程通常为渠化河道,同一河段断面沿程变化较小,在输水期水动力条件较稳定,基于数值模型和物理模型试验开展正常输水和闸门调控情况下突发可溶性污染物输移扩散规律研究可获得较为准确的结果。

1.2.2 调水工程中突发水污染事件追踪溯源研究进展

在实际中,可能在突发水污染事件初期不知道污染源的位置以及排放信息,甚至在污染物流出管辖范围后才知道污染发生,需要从监测数据来得知污染源排放历史,这对事件的预警应急、实时与事后风险评价都十分不利[40]。许多学者结合 GIS 和数值模型建立水质预警系统来识别污染源,追踪污染物的迁移过程[41-46]。目前,对突发水污染事件污染源的研究方法主要有确定性方法和概率方法[47]。Wei 等[48]基于最佳摄动量正则化的耦合方法对多点源分数阶扩散方程进行求解,从而对污染源进行分析;Jha 和 Datta[49]利用自适应模拟退火算法模拟地下水污染物扩散过程并确定污染源的信息;牟行洋[50]研究了固定污染源项识别问题,利用微分进化算法对单点及多点污染源进行识别;曹小群等[51]将贝叶斯-蒙特卡罗方法应用到污染源识别中,通过求解对流-扩散方程得到污染源信息;陈海洋等[52]采用了贝叶斯-蒙特卡罗方法研究水体污染源项识别问题;Cheng 和 Jia[53]基于逆向概率方法对河流污染进行了溯源研究;Ellen 和 Pierre[54]基于传递函数的概念,提出了在已知流场的条件下,可以确定单个点源污染的位置和时间的方法;Li 等[55]利用时空径向基函数方法识别河流污染源位置。然而,这些方法在污染源求解上都存在一些问题,同时它们也不能快速地确定污染源信息。因此,单纯地依靠这些研究方法已不能适应快速分析突发性水污染事件追踪溯源的要求,基于此,本书结合反问题思想，提出适用于调水工程突发水污染事件快速溯源的方法。

1.2.3 调水工程中突发水污染事件风险评价研究进展

风险评价是对突发水污染事件识别和分析潜在损失的可能性和严重性的过程。风险评价的方法有很多种，包含定性分析、半定量分析计算和定量计算[56-58]。许多学者运用 AHP 方法构建突发水污染事件风险评价模型；Jiang 等[59]利用 GIS 技术，构建一个实时风险评价框架，可预测污染物传播时间、浓度等；Jing 等[60]将 AHP 与 Monte Carlo Simulation 相结合对非点源污染进行有效的控制和管理；Hou 等[61]利用 AHP 判断污染事件的影响程度，确定突发水污染事件的风险级别；Zhang 等[62]根据通州地区的特点，采用 AHP 方法建立突发水污染事件预警系统；庞振凌等[63]应用 AHP 通过季节 4 因素（春夏秋冬）和 6 项理化指标（透明度、总磷、总氮、COD、BOD 和叶绿素）对水质进行综合评价，并且得到的 AHP 分析结果与实际基本相符。我国已经在理论研究和风险识别的实际应用中取得了一定的成果。如逄勇等[64]建立了广西柳州市柳南水厂水源地风险等级判别模型，计算得到柳南水厂取水口的风险等级，为该地区环境风险评价和管理提供了技术支撑。Zhang 等[65]结合 AHP 方法针对通州地区建立了突发水污染预警体系。Cheng 等[66]应用模糊综合评价方法对水库水污染事件做出了紧急规划评估研究。虽然早期预警系统和环境风险评价在最近几年发展迅速，仔细分析可知，这些系统中仍有一些局限性。具体来说：①这些系统主要研究正常输水情况下污染物的扩散和环境风险评价，忽略了对调控过程中污染物扩散规律的研究；②在环境风险评价中，这些系统主要考虑的是污染事件本身的影响，没有考虑应急调控中产生的影响；③在环境风险评价中，这些系统主要是通过不同指标的权重确定污染事件的风险等级，缺乏整体性。前人在突发水污染事件风险等级确定中主要考虑水污染事件带来的影响，缺少对事件调控过程产生影响的整体考虑。

水环境风险评价是指评估水环境系统的质量状态超过给定的水环境质量标准控制限值的程度及其发生概率，并提出相应管理对策的过程。水环境风险评价是水环境风险管理的重要组成部分，直接关系到区域水环境安全系统和经济社会系统的正常运行。前人在突发水污染事件风险等级确定中主要考虑水污染事件带来的影响，缺少对事故调控过程产生影响的整体考虑。本书在前人的基础上，将协调发展度模型引入，从整体上确定突发水污染事件的风险等级。

协调是指两个或两个以上系统之间的正相关关系，也是系统和系统元素之间良性循环的关系。协调发展度是系统或系统要素之间在良性循环的基础上，从低到高，从简单到复杂，从无序到有序，从不稳定到稳定的整体演化。在协调发展过程中，发展是系统演化的指向，而协调则是对这种指向行为的有益约束[67]。目前许多学者利用协调发展度模型确定多个系统、多个因素之间全面协调发展程度[68-69]。根据 AHP 方法得到的污染调控体系和事件影响体系的权重，结合协调发展度模型，全面考虑污染事件发生及调控过程产生的影响，确定更能反映实际情况的风险水平，为突发水污染事件应急调控和应急处置提供更有利的信息支持。

1.2.4 调水工程中突发水污染事件应急调控预案研究进展

（1）突发水污染事件应对措施研究进展。由于国内突发性环境污染事件频繁发生，特别是重、特大的突发环境污染事件的发生给国家和人们带来巨大的损害。面临这种威胁，国内不少学者结合污染事件地区具体情况，对突发环境污染事件进行研究并提出一些有效措施。1994 年，朱华康[70]分析了淮河突发性污染事件的特点，提出了建立综合联合防御体系的措施。丁春生等[71]于 1997 年提出了强化公众"防范"意识，建立企业污染事件"风险评价"制度；1998 年，徐彭浩等[72]针对如何建立有效的应急组织、程序及技术储备等问题进行了深入探讨；2006 年，李红九[73]以三峡库区航运突发环境污染事件为研究对象，基于危机及预警管理的想法，结合航运安全生产管理，研究了三峡库区在航运方面如何构建突发环境污染事件的预警体系、应急调控及处置、信息发布及宣传教育等方面的管理机制。2005 年，何进朝等[74]建立了突发性水污染事件预警应急系统体系，该体系包括预警机制、应急机制和计算机辅助决策系统 3 个部分；2006 年，宋国君等[75]阐述了我国目前面临的主要环境污染风险，针对我国环境风险管理制度的建设提出了一些意见，同时指出国家应当直接管理重点风险源；郑小真[76]在福州市鼓楼区环保局的协助下，创建针对突发环境污染事件的应急队，同时积累处置应急事件的经验，对环保局应对突发环境污染事件的能力建设以及与其相关的措施等方面进行了探讨；黄振芳[77]从突发可溶性水污染事件应急处置的技术层面入手，通过分析突发可溶性水污染事件的外在表现，阐明了一些常见的应急储备物资及其应用，同时介绍了针对不同水体实施现场应急处理的方法，并总结了一些常见化学危险品的应急处置技术和方法等；针对北江上游 2005 年的镉污染事件，黄焕坤等[78]提出了相应的应急处置措施，并对处置过程进行了效果分析，指出了北江上游 7 大水库和已经建成的水利水电工程为应急调水提供了重要帮助，但存在一些弊端，如应急调水降低了库区水位，使水库的发电效益受到影响；曹邦卿等[79]结合突发性水污染事件的特点，构建了基于 WebGIS 的南阳市突发可溶性水污染事件管理体系以及事件信息服务系统，进一步提高了南阳市针对突发性水污染事件的应急管理水平以及城市的防灾减灾能力。但是这些文献主要是对突发性水污染事件提出了一些应对措施，缺乏对应急调控技术的研究。

（2）突发水污染事件应急处理技术研究进展。在突发水污染事件应急处理技术上，国内外主要都是利用计算机、无线通信等现代化手段，通过计算机编程与GIS界面结合，构建突发水污染事件的预警系统；1992年，法国开发出一个称为"seans"的软件包，该软件包可以为突发性水污染事件提供应急决策支持[80]；1994年，Desimone等[81]在溢油事件过程的模拟、应急计划的评估中引用了人工智能和模式识别技术，能够辅助决策者快速有效地选择处理设施以及人员配备。近几年来，国内学者在应急处理技术方面的研究也取得很大进步。如王凤林等[82]于2000年探讨了在VB集成环境下，用MapBasic语言、SQL语言以及DAO来实现MapInfo电子地图上的空间数据处理技术；2002年江永平[83]介绍了一些高新技术成果的综合应用，实现了指挥中心对污染现场的远程指挥和信息快速传输；2004年，冯文钊等[84]通过对系统设计、数据库设计、系统实施、系统功能等方面的介绍，提出了一种新的突发环境污染事件预警、应急监测和处理方法；2006年，吴小刚等[85]针对我国突发性水资源污染事件应急机制相关问题展开讨论；2005年，钟名军[86]表明了可将数学水环境系统和数字水质预警预报系统的GIS模块、专业模块、中间件技术及其他模块进行组建，并结合相关设计和建模开发出数字水环境管理系统和数字水质预警预报系统。

（3）突发水污染事件应急调控体系研究进展。在应急调控领域中，许多学者已经研究了突发水污染事件早期预警系统、环境风险评价系统以及应急响应体系，这些研究内容有助于水污染处理[87]、水质评价[88,89]、风险预测[90,91]、分析和减少突发水污染事件的影响。Duan等[92]为了确定事件的安全性，建立了一套应急响应系统；Zhang等[93]基于"满意原则"，针对调水决策系统开发了一个多目标应急调控决策模型；由于应急调控涉及调控技术、经济、环境和社会因素，应急调控体系是比较复杂的体系。有效的技术体系应能充分利用资源并操作简单、实用方便，目前对污染物输移扩散规律的研究成果丰硕[94-95]，但对调水工程突发水污染事件应急调控技术体系的研究较少。

（4）突发水污染事件应急调控预案研究进展。由于调水工程在正常运行中系统稳定、供水调度较为复杂，因此在突发水污染事件下，完备的预案能够在控制污染范围、降低污染影响程度方面发挥重要作用。目前关于突发水污染事件应急调控预案的研究比较多，如以三峡工程的突发水污染事件为研究对象，He等[96]基于GIS系统提出了适用于三峡工程突发水污染事件应急体系，该体系能够预测污染位置，为应急调控提供决策支持；Liu等[97]基于模糊GRA方法构建了应对突发化学污染事件的有效应急措施；Shi等[98]运用AHP方法构建苯胺污染事件的技术评价指标体系，获得最优的应急处置技术方案预案库；邵超峰等[99]、陈睿[100]从管理学角度出发，提出了适用于突发水污染事件环境风险管理体制；段文刚等[101]对大型调水工程突发污染事件及应急调度预案组成进行了初步研究；在国内外，重点研究了突发性水污染事件应急体系的建设[98]，针对具体措施及重要组成内容研究较少。

　　综上所述，现阶段调水工程突发可溶性水污染事件应急调控主要是通过构建数值模型研究正常输水情况下污染物的输移扩散过程，但是缺乏对闸门控制下污染物输移扩散的研究，同时这些模型的建立需要大量的基础数据，模型运行需要大量的时间，缺乏突发水污染事件应急调控技术和一套完善的预案体系。因此，为高效应对调水工程中突发水污染事件，应急调控技术需具有快速有效的处理，最大限度地减小污染范围和程度的功效，因此对突发水污染应急调控及预案的研究是十分必要的。

第 2 章 调水工程突发水污染事件风险评价

调水工程是一项十分复杂的系统工程[22]。由于其距离长、分布广、控制站点多、要求实行不间断供水，因此调度和控制都十分复杂。一旦出现突发水污染事件，将严重影响输水渠道水质安全，给人类生命健康、环境、社会和经济的发展带来巨大的灾难。随着人们对突发性污染事件危害程度的认识加深，国内外围绕突发水污染事件展开了一系列的研究工作[23]。由于事件发生的不确定性和复杂性，突发水污染事件应急调控方案制定是相当困难的；因而对调水工程突发水污染事件，研究突发水污染事件风险评价方法是非常重要的。虽然早期预警系统和环境风险评价在最近几年发展迅速，仔细分析可知，这些系统中仍有一些局限性。具体来说：①这些系统和方法主要研究正常输水情况下污染物的扩散和环境风险评价，忽略了调控过程中污染物扩散规律的研究；②在环境风险评价中，这些方法主要考虑的是污染事件本身的影响，没有考虑在调控过程中对工程及社会的影响；③在环境风险评价中，这些系统主要是通过不同指标的权重确定污染事件的风险等级，缺乏整体性。因此，本章结合调水工程特点，基于层次结构分析法和协调发展度模型提出了具有普适性的突发水污染事件风险评价方法，为输水工程沿线风险管理及应急组织机构的协调响应提供指导，以其控制突发污染范围，减小突发污染对经济、社会和环境造成的不利影响。

2.1 风险评价方法及模型

在突发水污染事件发生到灾害形成之间有一个时间过程，而如何高效合理地利用这段时间，就成为事发后进行风险控制、减缓的关键。而根据现有的调研资料可知，污染事件风险评价方法有很多种。这些评价方法主要是针对正常输水情况下突发水污染事件风险评价，并且主要考虑事件本身带来的影响；但是在应急调控过程中，闸门关闭的不合理会给渠道或环境带来重大损失；因此，为了更全面、准确地判断污染事件的风险等级，本章利用 AHP 方法和协调发展度模型建立了调水工程突发水污染事件风险评价模型，为输水工程风险管理提供依据。研究思路如图 2.1 所示。

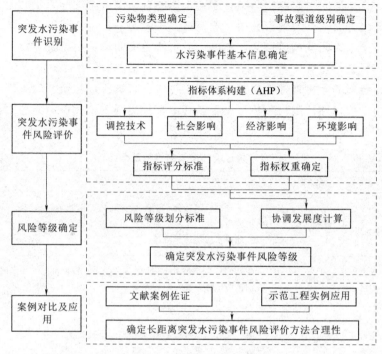

图 2.1　调水工程突发水污染事件风险评价研究思路

　　首先，根据相应的部门提供的信息确定污染物类型及发生事件渠段级别；然后确定目标层，考虑调控技术、社会影响、经济影响和环境影响，构建风险评价指标体系；结合输水工程特性和参考文献相关，确定指标评分标准，并邀请输水工程领域和水环境领域的专家根据评分标准对指标体系评分，结合层次分析法来确定各项指标的权重；其次，根据权重计算结果和污染物的类型，结合协调发展度模型，计算污染调控体系和事件影响体系的协调发展度，并根据协调发展度确定突发水污染事件应急风险等级，为应急调控提供决策支持；最后，为了检验风险评价方法的合理性，本章利用文献中的案例对风险评价方法进行佐证，并将其应用到实际示范工程案例中，检验其适用性。

2.2　污染物识别

　　水污染是指污染物进入水体的含量超过水体本底值和自净能力，使水质受到损害，破坏了水体原有的性质[124]。造成水污染的原因可以分为自然和人为两种因素。自然方面主要是指因地质的溶解作用，雨水对各种矿石淋洗、冲刷，火山爆发和干旱地区的风蚀作用所产生的大量灰尘落入水体而引起的。一般来说，自然原因引起的水污染，能被水体的自净能力给恢复原状。而人为的原因则是多方面的，大致可分为工业污染、农业污染、生活污染。

通过文献查阅及调研可知，能够造成水体污染的污染物有 11 类[125]，分别为颗粒状污染物质、一般无机盐类污染物质、植物营养物质、重金属毒性物质、非重金属的无机毒性物质、有机无毒物质、有机有毒物质、油类物质、病原微生物、放射性污染物、热污染等。其中每种类型主要代表污染物质及危害描述见表 2.1。

表 2.1　　　　　　　　　造成水体污染的污染物类型及危害

编号	类型	典型物质	危　害
1	颗粒状污染物质	砂粒、矿渣	悬浮物能吸附部分水中有毒污染物并随水流动迁移；降低光的穿透能力，妨碍水体的自净作用；对鱼类产生危害；妨碍水上交通、缩短水库使用年限等
2	一般无机盐类污染物质	矿山排水及工业废水	酸碱污染会使水体的 pH 值发生变化，破坏自然缓冲作用，消灭或抑制微生物生长，妨碍水体自净，并能造成土壤酸化，危害渔业生产等
3	植物营养物质	氮、磷	氮、磷等植物营养物质大量而连续地进入湖泊、水库及海湾等缓流水体，刺激藻类异常繁殖，带来严重后果
4	重金属毒性物质	铅、铬、镉、汞、铜	重金属在自然界中一般不易消失，它们能通过食物链而被富集；这类物质除直接作用于人体引起疾病外，某些金属还可能促进慢性病的发展
5	非重金属的无机毒性物质	氰化物、砷	氰化物本身是剧毒物质，急性中毒抑制细胞呼吸，会造成人体组织严重缺氧；砷是累积性中毒的毒物，当饮用水中砷含量大于 0.05mg/L 时就会导致积累
6	有机无毒物质	碳水化合物、蛋白质、脂肪	当水体中有机物浓度过高时，微生物消耗大量的氧，往往会使水体中溶解氧浓度急剧下降，甚至耗尽，导致鱼类及其他水生生物死亡
7	有机有毒物质	农药、醛、酮、酚、高分子合成聚合物、染料	通过石油化学工业的合成生产过程及其产品的使用过程中排放的污水不经处理排入水体而造成污染
8	油类物质	石油	在水上形成油膜，阻碍水体复氧作用；油类黏附在鱼鳃上，可使鱼窒息；油类黏附在藻类、浮游生物上，可使它们死亡
9	病原微生物	病毒、病菌、寄生虫等	病原微生物的水污染危害历史最久，至今仍是危害人类健康和生命的重要水污染类型

编号	类型	典型物质	危　害
10	放射性污染物	核工厂排出冷却水，放射性废物，核爆炸降的散落物，泄漏的核燃料	水体中放射性污染物可以附着在生物体表面，也可以进入生物体蓄积起来，还可通过食物链对人产生内照射
11	热污染	由工矿企业向水体排放高温废水造成。如热电厂中的冷却水	排放到水体中，均可使水温升高，水中生化反应的速度随之加快，使某些有毒物质（如氰化物、重金属离子等）的毒性提高，溶解氧减少，影响鱼类生存和繁殖，加速某些细菌的繁殖，助长水草丛生，厌气发酵，恶臭

根据表 2.1 中污染物质的物理化学性质，以及对人体的伤害程度，可将污染物分为可溶有毒物质、可溶无毒物质、漂浮油类物质、重金属物质等。在突发水污染事件应急调控过程中，需及时快速调控，污染物在水体中的时间较短，不考虑生化反应，因此根据污染物本身与水的关系将其分为可溶和难溶两大类，而重金属污染不在本研究范围内，故可溶有毒物质、可溶无毒物质和漂浮油类物质是本章研究的重点。

2.3　突发水污染事件风险评价指标构建

根据现有的调研资料可知，污染事件风险评价方法有很多种。这些评价方法主要是针对正常输水情况下突发水污染事件风险评价，并且主要考虑事件本身带来的影响；但是在应急调控过程中，闸门关闭过快会导致渠道内水位的骤升、骤降，轻则导致渠堤滑坡、渠道衬砌破坏，重则可能导致漫堤、淹泵、毁闸等后果，而闸门关闭过慢会导致污染范围不能及时控制，轻则会扩大污染范围，重则会给人民的生命和国家财产造成重大损失。为了更全面、准确地判断污染事件的风险等级，本章利用 AHP 方法建立了调水工程突发水污染事件应急风险评价指标体系。

2.3.1　风险评价指标体系

AHP 是由 Saaty 提出的一种数学方法，主要是分析设计多个标准的复杂决策系统。与其他方法相比，AHP 方法的优势在于它是一种解决多目标的复杂问题的定性与定量相结合的决策分析方法。AHP 方法已被学者们广泛地应用于决策理论、环境风险评价和其他评价技术上[126-128]。本章运用 AHP 方法对调水工程突发水污染事件应急风险水平进行评估，突发水污染事件应急风险评价指标体系如图 2.2 所示。

（1）应急风险评价的目标层 A 是突发水污染事件的风险性。

（2）一级指标层 B 共有 4 个指标，分别是调控技术（B1）、社会影响（B2）、经济影响（B3）和环境影响（B4）。

（3）二级指标层 C 共有 12 个指标，是突发水污染事件风险评价直接指标，在评价过程中，需要对其进行重点研究。

1）调控技术（B1）包括闸门调控时间（C11）、调控技术的可行性（C12）、调控效果（C13）3 个指标。

2）社会影响（B2）包括污染物扩散范围（C21）、调控时所需的人力资源（C22）、伤亡情况（C23）3 个指标。

3）经济影响（B3）包括调控成本（C31）、事件损失（C32）、对渠道的破坏程度（C33）3 个指标。

4）环境影响（B4）包括污染事件对水质的影响（C41）、污染事件对环境的影响（C42）以及事故渠道级别（C43）3 个指标。

这 12 项指标又根据与事件和调控的关系分为两大体系：其中闸门调控时间（C11）、调控技术的可行性（C12）、调控效果（C13）、调控成本（C31）、对渠道的破坏程度（C33）这 5 项指标属于污染调控体系（S1）；而污染物扩散范围（C21）、调控时所需的人力资源（C22）、伤亡情况（C23）、事件损失（C32）、污染事件对水质的影响（C41）、污染事件对环境的影响（C42）以及事故渠道级别（C43）这 7 项指标属于事件影响体系（S2）。

针对突发水污染事件，本书将突发水污染事件的风险性设定为应急风险评价的目标层 A；而一级指标层 B 共有 4 个指标，分别是调控技术（B1）、社会影响（B2）、经济影响（B3）和环境影响（B4），针对每个指标提出了突发水污染事件风险评价直接指标，并且在评价过程中，需要对其进行重点研究。

2.3.1.1　调控技术

突发水污染事件发生后，在闸门调控过程中，如果闸门关闭过快，会产生较大的水位波动，对输水渠道或输水建筑物产生破坏；如果闸门关闭过慢，污染物会扩散到下游，增大破坏范围，因此合理的闸门调控时间是很重要的。一旦突发水污染事件发生在长距离输水工程中，需要上下游闸门联动调控，对闸门的调控技术要求比较高，因此闸门调控技术的可行性也很重要。通过闸门调控控制污染物扩散是为污染物处置提供支撑，因此调控后的效果好坏对处置有很大的影响。因此在突发水污染事件风险评价体系中，调控技术需要考虑闸门调控时间（C11）、调控技术的可行性（C12）、调控效果（C13）3 个指标。

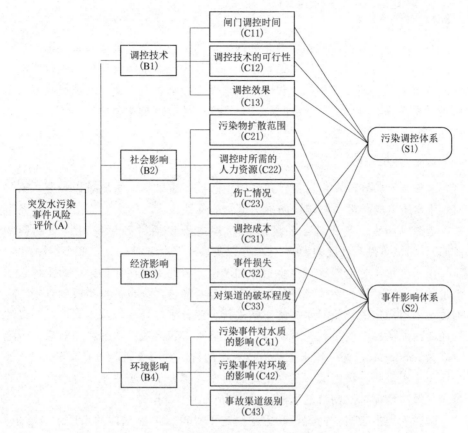

图 2.2 突发水污染事件应急风险评价指标体系

2.3.1.2 社会影响

　　日益频发的突发水污染事件已成为我国构建"和谐社会"的一大障碍。安全供水是突发性水污染事件发生后最为敏感和紧迫的问题。我国在安全供水应急处置方面相对比较薄弱，一旦发生突发水污染事件，采取断水措施，对当地居民的生活质量、健康、心理、环境意识、就业、公共服务等方面都产生了严重的影响。如果污染范围不大，可以很快对污水进行处置，快速恢复通水，对民众的影响比较小；但是一旦污染范围比较大，会造成民众多天无水饮用，给人们带来恐慌，造成不良的社会影响，因此污染物扩散范围和人员或其他生物的伤亡情况是社会影响的主要因素。同时污染事件发生后，需要调动相关人员进行处置，不同污染程度的事件消耗的人力资源也不相同，因此调控时所需的人力资源也是社会影响的一部分。基于此，社会影响因素主要包括污染物扩散范围（C21）、调控时所需的人力资源（C22）、伤亡情况（C23）3 个指标。

2.3.1.3　经济影响

我国本身就是水资源相对贫乏的国家，调水工程能有效地缓解我国水资源分布不均的情况，但是在输水过程中，一旦发生突发水污染事件，不仅影响民众的饮水情况，还会在调控过程中对渠道产生影响，基于此，经济影响因素主要包括调控成本（C31）、事件损失（C32）、对渠道的破坏程度（C33）3 个指标。

2.3.1.4　环境影响

突发水污染事件发生后，导致当地生态被严重破坏，短期难以恢复，不仅对输水水质造成严重的影响，如果污染物的毒性很大，还会对周围的生物及事故渠道造成伤害。基于此，环境影响因素主要包括污染事件对水质的影响（C41）、污染事件对环境的影响（C42）以及事故渠道级别（C43）3 个指标。

由于输水工程沿线穿过许多村庄和城镇，因此不同区段的渠道对水体水质水量的要求不一样，在风险评价过程中，需要确定污染事件发生段的级别。根据输水渠道周边的环境对水体的影响进行渠道分级，处于输水工程沿线一级的村庄对河流的风险的贡献为 Severe，处于输水工程沿线二级的村庄对河流风险贡献为 Moderate，处于输水工程沿线三级的村庄对河流风险贡献为 Small。处于输水工程沿线一级河流并为交汇处的村庄，相较于处于输水工程沿线一级的村庄，风险增加，对河流的风险的贡献为 Catastrophic。

同时人类聚集居住的规模和方式决定了对输水工程水体的水质水量要求。输水工程沿线人类聚集方式包括自然村、小集镇、县城和大城市。大城市由于人口稠密，企业单位众多，对河流水体的水质要求最高，记为 Very high；县城人口和企业单位相对较少，对河流水体的水质要求比大城市小，但是也很高，记为 High；小集镇次之，记为 Moderate；自然村对河流水体的水质要求相对最小，记为 Low。

在调水工程中，渠道级别的划分不仅要考虑渠道周边环境对输水工程水体的影响，还需考虑周边环境对水体的水质水量要求。因此，基于上述描述，将渠道产生的风险和对水量水质的要求结合，用矩阵的形式表示渠道级别，其形式见表 2.2。

表 2.2　　　　　　　　　　　渠道级别判断矩阵

渠道风险　　　水质要求	Small	Moderate	Severe	Catastrophic
Low	3 级	3 级	2 级	2 级
Moderate	3 级	2 级	2 级	1 级

渠道风险 水质要求	Small	Moderate	Severe	Catastrophic
High	3 级	2 级	1 级	1 级
Very high	2 级	1 级	1 级	1 级

2.3.2 风险评价指标权重确定

2.3.2.1 指标评分标准确定

根据文献调研和总结，本章分别对 12 项指标进行评分标准划分；以 100 分为满分，每项指标划分为 3 个范围：100～70、70～40、40～0。具体的评分标准见表 2.3。表中显示，在调控技术中，指标 C11 划分的依据是闸门调控时间的长短，指标 C12 划分的依据是调控技术实施的难易度，指标 C13 划分的依据是调控对污染控制的效果；在社会影响中，指标 C21 划分的依据是污染事件扩散范围，指标 C22 划分的依据是人力资源消耗，指标 C23 划分的依据是污染事件伤害程度；在经济影响中，指标 C31 划分的依据是投资成本高低，指标 C32 划分的依据是事件带来的经济损失程度，指标 C33 划分的依据是调控过程对渠道及其他建筑物的影响；在环境影响中，指标 C41 划分的依据是受污染水体水质等级，指标 C42 划分的依据是污染事件对周围的生态环境的影响，指标 C43 划分的依据是事故渠道级别，可根据渠道对产生的风险和对水量水质的要求进行判断，其标准见表 2.3。

表 2.3 风险评价指标评分标准

分数	100	70	40
调控时间 （C11）	调控需要很短时间	调控需要一段时间	调控需要很长时间
调控技术的可行性 （C12）	基本上没有困难	调控实施有些困难	调控实施相当困难
调控效果 （C13）	调控对控制污染物扩散 有很大的帮助	调控对控制污染物扩散 有一些帮助	调控对控制污染物扩散 有很小的帮助
污染物扩散范围 （C21）	污染范围不到 5km	污染范围介于 5km 与 10km 之间	污染范围大于 10km
调控时所需的人力 资源 （C22）	需要很少的人力	需要适量的人力	需要大量的人力
伤亡情况 （C23）	无人员、鱼类死亡	有人员轻微中毒，鱼类 少量死亡	有人员重度中毒，鱼类 大量死亡
调控成本 （C31）	低成本	适当投资	高成本
事件损失 （C32）	轻微损失	一些损失	严重损失

分数	100	70	40
对渠道的破坏程度（C33）	对渠道没有影响	对渠道造成轻微的破坏	对渠道造成很大的破坏
污染事件对水质的影响（C41）	优于Ⅲ类	优于Ⅳ类，低于Ⅲ类	劣于Ⅴ类
污染事件对环境的影响（C42）	对环境影响很小	对环境有些影响	对环境影响很大
事故渠道级别（C43）	3 级渠道	2 级渠道	1 级渠道

2.3.2.2　构造判断（成对比较）矩阵

AHP 方法采用优先权重作为区分方案优劣程度的指标。在确定各层次各因素之间的权重时，如果只是定性的结果，则常常不容易被别人接受，因而 Saaty 等提出了一致矩阵法[129]，按照层次结构模型，从上到下逐层构造判断矩阵。

每一层元素都以相邻上一层次各元素为准则，按 1～9 标度方法[129]，请相关学科的专家分别就两两指标之间的相对重要性进行评估。其中标度等级见表 2.4，风险评价指标评分标准见表 2.3；有些指标无法直接定量，可根据风险评价指标评分标准、标度等级表和事件的特点确定构造矩阵。n 个指标成对比较的结果可以用判断矩阵 A 表示：

$$A = \begin{bmatrix} 1 & a_{12} & \cdots & a_{1n} \\ a_{21} & 1 & \cdots & a_{2n} \\ \cdots & \cdots & \ddots & \cdots \\ a_{n1} & a_{n2} & \cdots & 1 \end{bmatrix} \tag{2.1}$$

其中，元素 $a_{ij} > 0$（称为正矩阵），a_{ij} 表示 A_i 对 A_j 的相对重要程度，并且满足下列 3 个条件：$a_{ii} = 1$；$a_{ij} = 1/a_{ji}$；$a_{ij} = a_i/a_{jk}$（$i, j, k = 1, 2, \cdots, n$）。

表 2.4　标　度　等　级　表

标度	含　义
1	表示两个元素相比，具有同样重要性
3	表示两个元素相比，前者比后者稍重要
5	表示两个元素相比，前者比后者明显重要
7	表示两个元素相比，前者比后者强烈重要
9	表示两个元素相比，前者比后者极端重要
2，4，6，8	表示上述相邻判断的中间值

2.3.2.3　层次单排序列及其一致性检验

确定下层各因素对上层某因素影响程度，用权值 w 表示。对应于判断矩阵 A 的最大特征根 $\lambda_{\max}$ 的特征向量，经归一化（使向量中各元素之和等于 1）后记为 w。w 的元素为同一层次因素对于上一层次某因素相对重要性的排序权值，这一过程为层次单排序。能否排序成功，需要进行一致性检验。

（1）首先计算一致性指标：

$$C.I = \frac{\lambda_{\max} - n}{n - 1} \tag{2.2}$$

式中：$\lambda_{\max}$ 为判断矩阵的最大特征值；$C.I$ 为一致性指标；n 为判断矩阵阶数。

（2）其次查随机一致性指标表 2.5，得到平均随机一致性指标 $R.I$。

表 2.5　　　　　　　　　　随机一致性指标 $R.I$

矩阵阶数	1	2	3	4	5	6	7	8	9	10	11
$R.I$	0	0	0.52	0.89	1.12	1.26	1.36	1.41	1.46	1.49	1.52

（3）计算一致性比率即一致性指标 $C.I$ 与同阶平均随机一致性指标 $R.I$ 的比较值；其表达式为

$$C.R = \frac{C.I}{R.I} \tag{2.3}$$

一般地，当一致性比率 $C.R < 0.1$ 时，认为 A 的不一致程度在允许范围之内，有满意的一致性，通过检验，接受判断矩阵；否则，重新构造判断矩阵。

（4）最后，一致性检验通过后，计算各因素对上层某因素的权重 W_i：

$$\overline{W}_i = \sqrt[n]{\prod_{j=1}^{n} a_{ij}}, i = 1, 2, \cdots, n \tag{2.4}$$

$$W_i = \frac{\overline{W}_i}{\sum\limits_{i=1}^{n} \overline{W}_i}, i = 1, 2, \cdots, n \tag{2.5}$$

2.3.2.4　层次总排序列及其一致性检验

各子目标层指标权重得到后，需确定各子目标层指标对于总目标的相对重要性，即各指标关于总目标的权重，这个过程为层次总排序。同样，需要进行一致性检验，检验通过后根据式（2.6）计算指标层关于总目标的权重。

$$gw_{ik} = W_i \times W_{ik} \tag{2.6}$$

式中：W_i 为第一子目标指标层关于总目标的权重向量；gw_{ik} 为第二子目标指标层关于总目标的权重向量；W_{ik} 为第二子目标指标层关于第一子目标指标层

的权重向量。

2.4　突发水污染事件风险等级确定

前人在突发水污染事件风险等级确定中主要考虑水污染事件本身带来的影响，缺少对事件调控过程产生影响的整体考虑。本章在前人的基础上，将协调发展度模型引入，从整体上确定突发水污染事件的风险等级。根据 AHP 方法得到的污染调控体系和事件影响体系的权重，结合协调发展度模型，全面考虑污染事件发生及调控过程产生的影响，确定更能反映实际情况的风险水平，为突发水污染事件应急调控和应急处置提供更有利的信息支持。

1. 数据标准化

由于原始数据的量纲及数量级大小不同，指标之间不具有可比性，因此为了排除由于量纲及数量级大小不同造成的影响，需要对原始数据进行归一化处理[130]。其中正向指标是指数值越大越好，逆向指标是指数值越小越好。这里采用"Range 0~1"方法对数据进行处理[131,132]，设污染调控体系和事件影响体系的指标为 $X_{ij}=(x_{ij})(i=1,2,\cdots,n;j=1,2,\cdots,m)$，对 X_{ij} 进行归一化，归一化计算公式如下：

$$x_i'=\begin{cases}(x_i-x_{\min})/(x_{\max}-x_{\min}),x_i\text{ 是正向指标，指标 }x_i\text{ 越大越好}\\(x_{\max}-x_i)/(x_{\max}-x_{\min}),x_i\text{ 是逆向指标，指标 }x_i\text{ 越小越好}\end{cases}\quad(2.7)$$

式中：$x_{\min}$ 和 $x_{\max}$ 分别为指标 x_i 的最小值和最大值，$x_{\min}$ 和 $x_{\max}$ 的取值是相关专家根据表 2.3 进行打分所得到的。

2. 协调度及协调发展度计算

根据协调及协调度的定义，廖重斌[67]对协调度的测算给出基于数理统计分析方法的模型。设正数 x_1，x_2，$\cdots$，x_p 为描述污染调控体系的 p 个指标；设正数 x_{p+1}，x_{p+2}，$\cdots$，x_n 为描述经济特征的 $n-p$ 个指标，利用下面公式分别计算出：

$$f(x)=\sum_{i=1}^{p}w_ix_i'\quad(2.8)$$

$$g(x)=\sum_{i=p+1}^{n}w_ix_i'\quad(2.9)$$

式中：w_i 为权重系数，即所选的指标所占的重要程度，是根据 AHP 方法得到的。

（1）污染调控体系和事件影响体系协调度计算。污染调控体系和事件影响体系的关系即协调程度的定量分析，多数采用数理统计的分析方法。利用标准方差建立协调度指标，来评估污染调控体系和事件影响体系的协调程度。用

$f(x)$ 表示污染调控体系，$g(x)$ 表示事件影响体系，当 $f(x)$ 与 $g(x)$ 的离差越小，污染调控体系和事件影响体系之间的协调性越好，因此用离差系数表示：

$$C_V = \frac{S}{\frac{1}{2}[f(x)+g(x)]} \qquad (2.10)$$

式中：S 为标准差。

式（2.10）中 C_V 越小越好的充要条件是 E 越大越好。因此：

$$E = \frac{f(x)g(x)}{\left[\dfrac{f(x)+g(x)}{2}\right]^2} \qquad (2.11)$$

由此得出污染调控体系和事件影响体系的协调度这一指标，即

$$E = \left\{ \frac{f(x)g(x)}{\left[\dfrac{f(x)+g(x)}{2}\right]^2} \right\}^K \qquad (2.12)$$

式中：E 为协调度；K 为调节系数，$K \geqslant 2$。

廖重斌[67]和赵丽娜等[132]文中 K 的取值为 2，因此本章 K 值为 2，即污染调控体系和事件影响体系的协调度计算公式为

$$E = \left\{ \frac{f(x)g(x)}{\left[\dfrac{f(x)+g(x)}{2}\right]^2} \right\}^2 \qquad (2.13)$$

利用标准差公式计算协调度，目的是使污染调控体系和事件影响体系，即 $f(x)$ 与 $g(x)$ 之和达到最大，两者的协调度 E 取值在 0～1 之间，最大值亦即最佳协调状态；反之，协调度 E 越小，则污染调控体系和事件影响体系越不协调。

（2）污染调控体系和事件影响体系协调发展度计算。协调度是分析污染调控体系和事件影响体系相互协调的重要指标，对于促进各系统之间的协调发展具有很重要的意义。但协调度的高低并不代表其绝对水平的高低，它只是揭示这个系统之间的和谐程度。而协调发展度反映了污染调控体系与事件影响体系的整体功能。为此，根据上述协调发展的定义和协调度的计算公式，将评价污染调控体系与事件影响体系协调发展水平的定量指标定义为协调发展度或协调发展系数，用 F 表示，其计算公式为

$$F = \sqrt{ET} \qquad (2.14)$$

$$T = \alpha f(x) + \beta g(x) \qquad (2.15)$$

$$\alpha = \sum_{i=1}^{p} w_i \, ; \, \beta = \sum_{i=p+1}^{n} w_i \qquad (2.16)$$

式中：F 为协调发展度；E 为协调度，T 为污染调控体系与事件影响体系的评价指数；α、β 为权重，根据 AHP 方法计算得到的。

协调发展度模型综合体现了污染调控体系与事件影响体系的协调状况以及两者所处的发展层次，从绝对水平高低评价协调发展程度。学者们的研究认为，与协调度模型相比较，协调发展度模型稳定性更高，适用范围更广，可用于不同体系、同一体系不同因素之间协调发展现状的定量评价和比较[59]。

3. 风险等级确定

风险评价是对突发水污染事件识别和分析潜在损失的可能性和严重性的过程。风险评价的方法有很多种，其中包含定性分析、半定量分析计算和定量计算[133]。采用协调发展度模型评价风险等级的方法属于半定量分析计算，该方法通过分析计算污染调控体系与事件影响体系之间的协调发展程度，确定突发水污染事件应急风险等级。根据上述分析，按照协调发展度的大小将突发水污染事件应急风险等级进行划分，分为 4 个不同层次，其协调发展度的等级及其划分标准见表 2.6。表 2.6 中显示，当污染调控体系与事件影响体系之间的协调发展度很小时，该突发水污染事件风险等级为高风险，也就是说假设污染物是无毒的，对人体和鱼类无伤害，但是污染事件发生在中心城市，不仅在污染调控上有很大困难，还会给人们带来恐慌，造成社会混乱，会对社会发展带来很大的影响；由于这类水污染事件带来的影响很大，属于高风险事件。因此在评价事件的风险等级时，不仅要看事件本身产生的影响，还需考虑事件调控和处置过程中产生的影响，这样更全面、整体地认识事件，更能为应急调控和应急处置提供准确、有效的信息支持。

表 2.6　　　　　　　　　　协调发展度等级及其划分标准

风险等级	特别重大风险	重大风险	较大风险	一般风险
协调发展度	$0 \leqslant F \leqslant 0.35$	$0.35 < F \leqslant 0.7$	$0.7 < F \leqslant 0.85$	$0.85 < F \leqslant 1.0$

2.5　案例应用

为了检验风险评价方法的合理性，本章利用文献中的案例对风险评价方法进行佐证，并将其应用到实际示范工程案例中，检验其适用性。

1. 文献案例佐证

（1）文献案例基本情况。S237 运河大桥位于里运河江都至宝应段，距江都泵站距离为 31.0km，以车辆突发交通事件侧翻进入调水干渠为典型突发情景。车辆载运量为 10t，载运货物为氰化钠，基于指标体系分析其突发污染事件的风险等级。东线输水干渠沿线大中型桥梁分布信息见表 2.7。穆杰[134] 根据事件信息，按照 DPSIR 模型各项指标的计算方法，开展此次突发事件风险指标计算，分析其风险等级。最终研究表明，污染物氰化钠为高毒无机物；东线里运河段 S237 运河大桥突发污染，关停的泵站主要有江都泵站和淮安泵站，其余泵站正常运行保持调水，因此，输水水量保证率、闸泵工程、社会经济损失和其他影响因素属于较大风险等级。

表 2.7　　　　　　　　　东线输水干渠沿线大中型桥梁分布信息

河 段	桥梁统计/座	河 段	桥梁统计/座
江都站—淮安站	7	江都站—宝应站	7
淮安站—淮阴二站	4	金湖站—洪泽站	3
淮阴二站—泗阳站	4	泗洪站—邳州站	7
刘老涧站—皂河站	4	苏北灌溉总渠	4

（2）风险评价结果。

1）渠道级别及污染物类型确定。根据 2.2 节～2.4 节方法介绍，将本书描述的突发水污染事件风险评价方法应用到上述案例中。根据调查可知，在里运河江都站至淮安站之间有宝应水产养殖场、船舶垃圾收集站等污染源，对该段输水水质带来很大的威胁，同时，该渠段周围存在小县城，根据表 2.2 中渠道级别判断矩阵可知，该事件渠段属于 2 级渠道。氰化钠为白色结晶颗粒或粉末，易潮解，有微弱的苦杏仁气味，能溶于水；并且在氧的参与下，能熔解金和银等贵金属，生成络合盐，为剧毒化学品；与硝酸盐、亚硝酸盐、氯酸盐反应剧烈，有发生爆炸的危险，遇酸会产生剧毒、易燃的氰化氢气体，在潮湿空气或二氧化碳中即缓慢发出微量氰化氢气体。因此根据其物理化学性质可判断该物质为有毒可溶性污染物。

2）指标权重确定。然后利用 AHP 对该事件进行风险评价。请组相关领域的专家根据图 2.2 突发水污染事件风险评价指标体系，结合标度等级表 2.4 和风险评价指标评分标准表 2.3 对各指标进行打分；一级指标层和二级指标层的权重判断矩阵见表 2.8～表 2.12。

表 2.8　　　　　　　　　　　B1～B4 判断矩阵级

第一子目标层指标		B1	B2	B3	B4	w
调控技术	B1	1	2	2	2	0.387
社会影响	B2	1/2	1	1/3	1	0.155
经济影响	B3	1/2	3	1	1	0.265
环境影响	B4	1/2	1	1	1	0.193

表 2.9		C11～C13 判断矩阵				
第二子目标层指标		C11	C12	C13	w	gw
调控时间	C11	1	2	2	0.41	0.159
调控技术的可行性	C12	1/2	1	1/3	0.26	0.101
调控效果	C13	1/2	3	1	0.33	0.127

表 2.10		C21～C23 判断矩阵				
第二子目标层指标		C21	C22	C23	w	gw
污染物扩散范围	C21	1	2	3	0.539	0.083
调控时所需的人力资源	C22	1/2	1	2	0.297	0.046
伤亡情况	C23	1/3	1/2	1	0.164	0.025

表 2.11		C31～C33 判断矩阵				
第二子目标层指标		C31	C32	C33	w	gw
调控成本	C31	1	2	2	0.49	0.13
事件损失	C32	1/2	1	1/2	0.198	0.052
对渠道的破坏程度	C33	1/2	2	1	0.312	0.083

表 2.12		C41～C43 判断矩阵				
第二子目标层指标		C41	C42	C43	w	gw
污染事件对水质的影响	C41	1	1/2	1	0.25	0.048
污染事件对环境的影响	C42	2	1	2	0.5	0.097
事故渠道级别	C43	1	1/2	1	0.25	0.048

3）风险等级确定。根据表 2.8～表 2.12 的权重值，可确定污染调控体系和事件影响体系的权重分别为 0.6 和 0.4。然后根据式（2.13）～式（2.16），结合专家打分，得到污染调控体系和事件影响体系之间的协调发展度为 0.84。从表 2.6 中可确定高毒无机物氰化钠突发污染事件风险等级属于较大风险。与按照 DPSIR 模型各项指标的计算得到的风险级别是一致的，从而从侧面验证了该突发水污染事件风险评价方法是可行的。

2. 实际工程应用

（1）实际工程介绍。本章研究内容主要依托于南水北调中线工程，而在实际中，为了验证研究内容的可行性，课题组于 2014 年 3 月 22 日在京石段蒲阳河节制闸上游白云庄北沟排水渡槽至蒲阳河节制闸下游东阳各庄桥之间进行"水质水量多目标调度及应急调控技术与示范项目示范工程"现场试验。示范工程位于南水北调中线京石段，其试验渠段长 12.5km，并且当时属于应急输水期，输水流量为 5m³/s。考虑实际工程中不能投放有任何颜色和毒性的物质，因此本试验选取蔗糖作为示踪剂。监测断面布置在桥梁处和搭建的应急处置浮桥处，以便采样取水。总计布置监测断面 4 个，其中有 3 个监测断面位于蒲阳河节制闸前面，如图 2.3 所示。

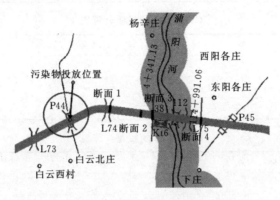

图 2.3　监测断面分布示意图

（2）示范工程风险评价。在蔗糖投放一段时间后，相关实验人员立即对水体中的蔗糖进行取样，同时基于上述的风险评价方法对本次事件进行评估，其步骤如下。

1）污染物识别及事件渠道级别判断。蔗糖是一种无色结晶或白色结晶性的松散粉末，无臭，味甜，极易溶于水中，对人体无害，属于无毒性可溶物质。

通过现场调查可知，蒲阳河节制闸上游白云庄北沟排水渡槽至蒲阳河节制闸下游东阳各庄桥之间人口聚集多为村庄，而且对水质要求不是很高。根据表 2.2 中渠道级别判断矩阵可知，该示范工程渠段属于 2 级渠道。

2）示范工程风险评价。为了计算每个指标的权重，根据突发水污染事件应急风险评价层次结构图（图 2.2），输水工程专家和环境专家结合标度等级表（表 2.4）和风险评价指标评分标准（表 3.3）对各项指标进行打分，得到调水工程突发水污染事件风险等级评价体系权重判断矩阵，见表 2.13～表 2.17。根据上述判断矩阵，采用 Matlab 可计算出各矩阵的一致性检验结果，见表 2.13～表 2.17 中的 w 和 gw。

表 2.13　　　　　　　　　　B1～B4 的权重计算表

第一子目标层指标		B1	B2	B3	B4	w
调控技术	B1	1	2	1	2	0.35
社会影响	B2	1/2	1	1/2	1	0.17

续表

第一子目标层指标		B1	B2	B3	B4	w
经济影响	B3	1	2	1	2	0.32
环境影响	B4	1/2	1	1/2	1	0.16

表 2.14　　　　　　　　　C11～C13 的权重计算表

第二子目标层指标		C11	C12	C13	w	gw
调控时间	C11	1	2	1/2	0.3	0.105
调控技术的可行性	C12	1/2	1	1/2	0.2	0.07
调控效果	C13	2	2	1	0.5	0.175

表 2.15　　　　　　　　　C21～C23 的权重计算表

第二子目标层指标		C21	C22	C23	w	gw
污染物扩散范围	C21	1	2	2	0.5	0.085
调控时所需的人力资源	C22	1/2	1	2	0.3	0.051
伤亡情况	C23	1/2	1/2	1	0.2	0.034

表 2.16　　　　　　　　　C31～C33 的权重计算表

第二子目标层指标		C31	C32	C33	w	gw
调控成本	C31	1	2	3	0.546	0.175
事件损失	C32	1/2	1	1/2	0.18	0.058
对渠道的破坏程度	C33	1/3	2	1	0.27	0.087

表 2.17　　　　　　　　　C41～C43 的权重计算表

第二子目标层指标		C41	C42	C43	w	gw
污染事件对水质的影响	C41	1	1	3/2	0.36	0.058
污染事件对环境的影响	C42	1	1	2	0.36	0.058
事故渠道级别	C43	2/3	1/2	1	0.28	0.044

　　3）示范工程应急风险等级的确定。从调水工程突发水污染事件风险等级评价体系权重判断矩阵表 2.13～表 2.17 中可知，污染调控体系和事件影响体系的权重分别为 0.612 和 0.388。然后根据式（2.13）～式（2.16），结合专家打分，得到污染调控体系和事件影响体系之间的协调发展度为 0.97。最后，从表 2.6 中可确定示范工程应急风险等级属于一般风险。

　　由于南水北调中线工程是为北京、天津等地解决用水问题，因此在实际试验中我们不能用有毒性的物质进行模拟。但是为了全面验证调水工程突发水污染事件应急调控体系的合理性及可行性，本章将蔗糖假设为有毒的苯酚。同样，请输水工程专家和环境专家结合标度等级表（表 2.4）和风险评价指标评分标准（表 2.3）对各项指标进行打分，得到风险等级评价体系权重判断矩阵，见表 2.18～表 2.22。同样根据上述判断矩阵，采用 Matlab 可计算出各矩阵的一致性检验结果，见表 2.18～表 2.22 中的 w 和 gw。

表 2.18　　　　　　　　　　B1～B4 的权重计算表

第一子目标层指标		B1	B2	B3	B4	w
调控技术	B1	1	3	3	3	0.482
社会影响	B2	1/3	1	2	1/2	0.18
经济影响	B3	1/3	1/2	1	1	0.128
环境影响	B4	1/3	2	1	1	0.21

表 2.19　　　　　　　　　　C11～C13 的权重计算表

第二子目标层指标		C11	C12	C13	w	gw
调控时间	C11	1	1/2	1/3	0.178	0.086
调控技术的可行性	C12	2	1	1	0.386	0.186
调控效果	C13	3	1	1	0.434	0.209

表 2.20　　　　　　　　　　C21～C23 的权重计算表

第二子目标层指标		C21	C22	C23	w	gw
污染物扩散范围	C21	1	4	1/2	0.36	0.065
调控时所需的人力资源	C22	1/4	1	3	0.13	0.023
伤亡情况	C23	2	3	1	0.51	0.092

表 2.21　　　　　　　　　　C31～C33 的权重计算表

第二子目标层指标		C31	C32	C33	w	gw
调控成本	C31	1	7/6	1	0.35	0.045
事件损失	C32	6/7	1	6/7	0.3	0.038
对渠道的破坏程度	C33	1	7/6	1	0.35	0.045

表 2.22　　　　　　　　　　C41～C43 的权重计算表

第二子目标层指标		C41	C42	C43	w	gw
污染事件对水质的影响	C41	1	1/3	1/3	0.143	0.03
污染事件对环境的影响	C42	3	1	1	0.428	0.09
事故渠道级别	C43	3	1	1	0.428	0.09

从调水工程突发水污染事件风险等级评价体系权重判断矩阵表 2.18～表 2.22 中可知，污染调控体系和事件影响体系的权重分别为 0.571 和 0.429。根据式（2.13）～式（2.16），结合专家打分，得到污染调控体系和事件影响体系之间的协调发展度为 0.65。从表 2.6 中可确定示范工程应急风险等级属于重大风险。

综上所述，不论是文献中的高毒无机物氰化钠突发污染事件，还是示范工程中的无毒可溶蔗糖污染事件以及假设的有毒可溶苯酚污染事件，该风险评价方法都可根据事件本身特点合理地确定风险等级，可有效地对不同类型的污染事件进行评价，为突发水污染事件应急调控及处置提供有力的信息支持。

2.6　本章小结

本章主要介绍了调水工程突发水污染事件应急调控体系的构建过程，详细地阐述了 AHP 方法与协调发展度模型结合更全面地评价水污染事件的风险。介绍了调水工程突发水污染事件风险评价方法，主要包含：①污染物识别及事件渠道级别判断。首先根据污染物的物理及化学性质判断污染物的类型；然后根据不同区段的渠道对水体水质水量的要求不一样，确定污染事件发生段的级别。②利用 AHP 建立续航距离输水工程突发水污染事件风险评价指标体系。该体系分别从调控技术、社会影响、经济影响和环境影响 4 个方面提出了 12 项指标，分别为调控时间、调控技术的可行性、调控效果、污染物扩散范围、调控时所需的人力资源、伤亡情况、调控成本、事件损失、对渠道的破坏程度、污染事件对水质的影响、污染事件对环境的影响以及事故渠道级别。结合输水工程特性和文献参考，确定指标评分标准，并邀请输水工程领域和水环境领域的专家根据评分标准对指标体系评分，结合层次分析法来确定各项指标的权重。③根据评价指标体系的结果和污染物的类型，结合协调发展度模型，确定突发水污染事件应急风险等级，为应急调控提供决策支持。

根据本章基于 AHP 和协调发展度模型构建的调水工程突发水污染事件风险评价方法，对文献 [134] 中高毒无机物氰化钠突发污染事件风险识别，通过计算得到高毒无机物氰化钠突发污染事件风险等级属于较大风险；与文献 [134] 中作者按照 DPSIR 模型各项指标的计算得到的风险级别是一致的，从而从侧面验证了该突发水污染事件风险评价方法是可行的。同时为了检验风险评价方法的合理性，本章将该评价方法应用到实际示范工程案例中，检验其适用性。利用该风险评价方法分别对示范工程中无毒可溶蔗糖污染事件以及假设的有毒可溶苯酚污染事件进行风险识别。结果显示，对于无毒可溶蔗糖污染事件，其风险等级为一般风险；而对于假设的有毒可溶苯酚污染事件，其风险等级为重大风险，其结果与实际污染事件吻合，验证该风险评价方法的合理性。因此，本章介绍的调水工程突发水污染事件风险评价方法，考虑输水工程特征，指标体系较完备，对其他工程具有一定的适用性和推演性。

第3章 调水工程突发水污染事件追踪溯源研究

跨流域调水工程是国内外为缓解水资源时空分布不均而采取的重要举措，通过闸门联动调控实现逐级调水，缓解部分地区严重缺水问题。随着现代工业生产领域和规模的日益扩大，事件潜在危险源也随之增加，一旦出现事件性泄漏，不仅破坏当地的水域环境，对人们的身体健康构成威胁，甚至还影响到社会稳定[102]。而调水工程水污染事件往往具有突发性，且影响范围大、后果严重；一旦发生水污染事件，要求区域或流域水环境管理部门能快速做出响应[103]。因此，追踪污染物来源是流域水环境日常管理的重要内容之一。本章在掌握相关数学物理反问题及现有环境水力学反演方法的基础上，以南水北调中线工程为例，通过数值模拟、物理模型试验和案例对比的方法确定正常输水情况下污染物溯源公式；针对不同案例，利用已知数据，结合实验数据对公式进行实例验证，从而对模拟预测的结果进行分析与讨论，提出适用于调水工程突发可溶性水污染事件的溯源方法。

3.1 污染源反演算法研究的基本方法

参照有关大气和地下水环境反问题的研究成果，立足于地表水污染源的识别，结合水污染自身的特点和成熟的数学物理反问题的解决方法，提出了适用于调水工程的污染源识别算法。

常用的水污染源反演算法和所涉及的数学方法有相关系数优化方法、遗传算法、人工神经网络等。

1. 相关系数优化方法

相关系数 r 是因变量 y 和自变量 x 之间相关程度的度量。相关系数 r 的计算公式为

$$r = \frac{\sum_{k=1}^{n} (x_k - \overline{x})(y_k - \overline{y})}{\sqrt{\sum_{k=1}^{n} (x_k - \overline{x})^2 \sum_{k=1}^{n} (y_k - \overline{y})^2}} \tag{3.1}$$

式中：x_k、y_k 为数学期望。

相关系数的取值范围为 $|r| \leqslant 1$。$r = 0$，表明 x 和 y 之间线性无关；$|r| = 1$，表明 y 是 x 的线性函数，完全线性相关；$|r|$ 由 0 变化到 1，表明 y 和 x 之间线性相关程度增大。r 为正，表明 y 和 x 正相关；r 为负，则表明 y 与 x 负相关。通过相关系数来衡量变量之间的线性相关程度，相关系数越大，则相关性越强[104]。

2. 遗传算法

遗传算法通常的实现方式为一种计算机模拟。遗传算法具有全局搜索、自组织、自适应和自学习性等优点[105]，因此，遗传算法广泛应用于计算机自动设计、工业工程与运作管理、系统优化设计、机器智能设计和机器人学习等许多科学。其在环境领域的应用也十分广泛，如高宗强[106]利用遗传算法反演BOD-DO水质模型中的参数；Liu 等[107]采用模拟-优化模型识别污染源，用遗传算法替代负梯度法搜索污染源最优解，取得了较好的效果。

3. 人工神经网络

人工神经网络是真实网络的一种数学抽象。神经元或节点是神经网络系统中基本的信息处理单元。神经元之间复杂的连接关系通过权值来反映，这是神经网络能够大量解决非线性问题的根本原因，神经元本身对所传递的信息不做过多的信息加工处理。神经网络在处理那些因果关系不明确、知识背景不清楚、推理规则不确定的问题上具有独到之处[108]。

现在许多学者在追踪溯源的研究上，不仅采用上述的方法，还结合一些新的方法，比如将 GIS 网络分析技术应用在河流水污染追踪中[104]；应用投影寻踪回归技术对污染物浓度进行预测[109]；利用粒子群算法求解管网污染源反向追踪模型问题[110]等。这些研究方法一定程度上会因"最优"参数失真带来的决策风险，具有较强的随机性。因此，不能适应快速分析突发性水污染事件追踪溯源的要求。基于此，本书结合反问题思想，提出适用于调水工程突发水污染事件快速溯源的方法。

本章主要是利用反问题思路，假设突发水污染事件发生即可知；然后利用HEC-RAS 构建一维水动力水质模型，分别模拟不同投放量下污染物输移扩散规律；由于实际输水工程中渠道较长、过水建筑物众多、水流条件比较复杂，为了研究方便，本章首先将渠道理想化为单一明渠，然后将单一明渠的结果移植到实际渠道中。本章的主要研究思路如图 3.1 所示。

首先假设突发可溶性水污染事件为发生即可知，即污染物投放量、投放位置、投放时间是已知的；然后结合南水北调中线工程自身特征，选取典型渠段作为研究对象，构建明渠输水工程一维水动力水质耦合模型，综合考虑污染物的投放量、渠道几何尺寸以及水力条件等因素，分别对理想型单一明渠和实际

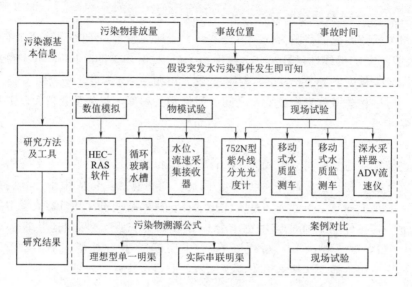

图 3.1　调水工程突发水污染事件追踪溯源方法研究思路

串联明渠内污染物输移扩散过程进行模拟，提出了表征可溶性污染物输移扩散的特征参数，包括污染物峰值输移距离、污染物峰值浓度和污染物纵向长度（污染带长度）。通过数值模拟和物理模型试验相结合的方法研究污染物特征参数在单一明渠和串联明渠中的变化规律，提炼出污染物溯源公式，并通过现场试验验证可溶性污染物快速预测公式的合理性。最后，提出适用于调水工程突发可溶性水污染事件快速溯源的方法，为突发水污染事件应急风险评价提供数据支持。

3.2　污染物溯源公式确定

突发水污染事件发生后，如果能快速地知道污染源的基本信息，不仅有利于相关人员做出响应，还可对下游处置提供信息支持。

3.2.1　污染物特征参数提出

为了清楚判别输水明渠中突发可溶性污染物的污染物扩散范围及程度，首先结合可溶性污染在渠道中的输移扩散规律，提炼出表征污染物特性的 3 个特征参数，分别是污染物峰值输移距离、污染物纵向长度和污染物峰值浓度。通过量化这 3 个特征参数，得到污染物溯源公式。在调水工程突发可溶性水污染事件下，可根据溯源公式快速确定污染范围、污染位置，明确污染程度，为调水工程突发水污染事件污染源确定提供有力的方法支撑。图 3.2 为调水工程突

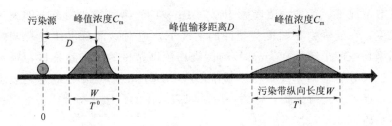

图 3.2 调水工程突发可溶性水污染特征参数

发可溶性水污染特征参数示意图。

1. 污染物峰值输移距离 D

调水工程中发生突发可溶性水污染事件时，由于事件发生突然，相关人员不能立即给出污染物范围和污染程度，但是为了评估污染事件风险等级，需要根据污染事件影响范围及污染程度，因此能根据污染事件有限的信息预测出污染扩散范围和污染程度是很有必要的。而污染物峰值输移距离为相关人员监测任意时刻污染物峰值浓度提供必要的信息。

污染物峰值输移距离是指以突发水污染事件位置（即污染源的位置）为起点，污染物峰值浓度点随水流输移的距离。通过预测污染物峰值输移距离，能快速得到污染物峰值在河渠中所处的位置，也可根据发现污染物的位置推算出污染源位置，为污染物峰值浓度的监测和输水工程闸门调控提供必要信息。

2. 污染物峰值浓度 C_m

污染物峰值浓度可用来判别污染物危害程度，是评估突发可溶性水污染事件风险等级的重要参数。当调水工程中任意河段发生突发可溶性水污染事件，可通过溯源公式预测污染物在该河段中峰值浓度，评估污染事件风险等级。还可根据已知的污染物纵向长度和峰值浓度，利用质量守恒定律，推算出污染物投放量。同时决策者还可根据污染物峰值浓度值判断是否要调控处置，在调水工程突发水污染事件应急调控体系中处于不可或缺的位置。

3. 污染物纵向长度 W

污染物纵向长度为污染带长度，是指输水工程水体不能承受该污染物的浓度范围，是用来评估污染影响范围的特征指标。由于高毒化工原料、农药等物质对人体健康的安全浓度阈值较低，而南水北调中线工程作为我国重要的长距离调水工程，水质安全是首要要求，通过咨询水环境专家并结合《地表水环境质量标准》（GB 3838—2002）中地表水环境质量标准基本项目标准限值可知，各基本项目的限值（除汞以外）基本都在 0.001mg/L 以内，因此为了安全保险，本书选取污染物的安全阈值（0.001mg/L）作为污染纵向长度的临界值。污染物纵向长度的确定可为突发可溶性水污染事件应急调控和处置提供信息支持。一般情况下，污染物浓度大于 0.001mg/L 的污染物浓度范围即为污染物纵向长度，在处置物资和设备允许的情况下，应对这部分水体进行调控和处置。污染物浓度小于 0.001mg/L 的污染物浓度范围为水质达标区，可不开展应急调控及处置。对于少数污染物浓度在 0.001mg/L 仍不能满足地表水Ⅲ类标准时，也可不进行处置，认为一段时间后水体的自净及稀释作用能够让此部分水体水质达标。

3.2.2　数值模型及模拟情景

1. 数值模拟模型理论依据

一般情况下，当污染物进入水体后，要经过 3 个阶段[111-115]：当污染物刚进入水体时，会与周围的水体混掺扩散，这个阶段称为射流核心区；随着污染源的动量或者浮力消失、完成垂向扩散过程后会进入第二个阶段扩散区，在这个阶段，污染物随着水流运动，并在紊动的作用下开始横向扩散；当扩散到全渠宽并且断面完全混合时进入第三个阶段离散区，之后沿纵向断面随流离散。

南水北调中线工程渠道的宽深比比较大，虽然纵向扩散完成很快，但是从污染物进入水体，到横向扩散与纵向离散作用达到平衡是一个相当缓慢的过程。理论上采用平面二维数值模拟可以准确地模拟水污染事件发生后，流场和浓度场的发展规律。但是突发水污染事件发生突然、危害大，需要快速做出反应，实际中，采用一维数值模型进行水质模拟。本书的纵向一维数值模拟采用的是美国陆军工程兵团开发的河道水力分析模型——HEC - RAS。该模拟软件的理论依据如下[116]。

（1）水动力方程。开展单一明渠和串联明渠中的突发可溶性水污染输移扩散规律的研究时，近似认为水压力的分布满足静水压，并假设流速在过水断面上均匀分布，水体流动可以用一维圣维南方程组描述。连续方程和动量方程分别为

$$\frac{\partial A}{\partial t} + \frac{\partial Q}{\partial x} = q \tag{3.2}$$

$$\frac{\partial Q}{\partial t} + \frac{\partial}{\partial x}\left(\frac{Q^2}{A}\right) + gA\frac{\partial Z}{\partial x} + g\frac{Q|Q|}{C^2AR} = 0 \tag{3.3}$$

式中：Q 为流量，$\mathrm{m^3/s}$；A 为过流面积，$\mathrm{m^2}$；q 为旁侧入流，$\mathrm{m^3/(s \cdot m)}$；Z 为水位，m；t 为时间，s；C 为谢才系数；R 为水力半径，m；g 为重力加速度，$\mathrm{m/s^2}$。

（2）水质方程。一维明渠水质控制方程为

$$\frac{\partial AC}{\partial t} + u\frac{\partial QC}{\partial x} = \frac{\partial}{\partial x}\left(D_L A\frac{\partial C}{\partial x}\right) + \frac{A}{h}S_\tau \tag{3.4}$$

式中：C 为污染物平均浓度，mg/L；u 为平均流速，m/s；D_L 为纵向离散系数，m^2/s；S_r 为源项。

纵向离散系数 D_L 的计算采用 Fischer[117-120] 经验公式：

$$D_L = m \times 0.011 \frac{u^2 B^2}{h u^*} \qquad (3.5)$$

$$u^* = \sqrt{ghJ} \qquad (3.6)$$

式中：m 为自定义倍数，通常取 1；B 为河渠宽度，m；h 为平均水深，m；J 为水力梯度；u^* 为摩阻流速，m/s。

2. 软件率定

本章选择 HEC-RAS 软件中的水动力模拟模块和水质模拟模块开展明渠输水工程一维水动力水质模拟和分析研究，为了验证软件的可行性和可靠性，开展室内物理模型试验。

试验前应开展试验水样本底值实测，配置不同浓度下的标准溶液，测出相应浓度下的吸光度，绘制罗丹明 B 溶液的实测标准曲线，见图 3.3。对罗丹明 B 的吸光度进行实测，根据标准曲线确定各样品浓度，完成物理模型试验。

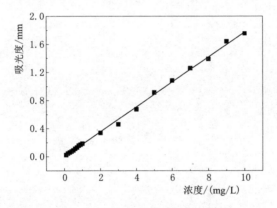

图 3.3　罗丹明 B 溶液实测标准曲线

试验中考虑的输水方案为正常输水方案，并且进行多次重复试验。流量为 $0.006 m^3/s$，水深 23cm；罗丹明的浓度均为 1000mg/L，体积为 5L。在试验渠道上每隔 2m 设置一个取样断面，共设置了 12 个断面，每个断面设置 1 个取样点，取样间隔为 10s，取样时间共 15min。

污染物进入水体后，一般需要经过 3 个阶段[121]：射流核心区、扩散区和离散区。随着纵向距离的增加，在垂向和横向上污染物浓度分布趋于均匀化，即污染物在断面上达到均匀混合，当污染物在渠道中心排放时，均匀混合的纵向长度计算公式[121] 为

$$L_{\mathrm{m}} = \frac{ub^2}{4hu_*} \tag{3.7}$$

式中：u 为断面平均流速，m/s；b 为渠段宽度，m；h 为渠道水深，m；u_* 为摩阻流速，m/s。

根据式（3.7）计算得到，从投放示踪剂断面到断面完全混合的渠段长度为 0.11m，该距离远小于断面间隔；选取距投放点 18m 和 22m 断面的试验值和模拟值进行对比分析，如图 3.4 所示，图中 x 表示取样断面距示踪剂投放断面的距离。从图 3.4 可以看出，模型试验值与数值模拟值有些误差，但误差基本都在 10％以内。分析其原因，可能是模型试验过程中人工取样导致的一定误差。总体分析认为，数值模拟结果和模型试验结果的规律性基本一致。因而，可以用 HEC-RAS 软件构建的一维水动力水质模型模拟明渠输水工程突发可溶性污染物输移扩散过程。

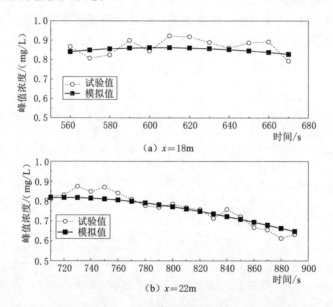

图 3.4　渠道不同断面上污染物浓度分布试验值与模拟值对比

3. 模拟情景设置

本书基于特征参数开展污染物溯源研究，强调在短时间内预测污染范围和污染程度，因此，不考虑时间尺度较长的沉淀和降解作用，把污染物作为保守物质开展研究。

根据南水北调中线干渠的基础资料得到典型的断面尺寸和水力条件，为数学模型建立提供边界条件。根据中线明渠的水力特性以及渠道尺寸变化情况，得到典型渠道的基本要素，见表 3.1。目前发生的由于交通事件导致的突发可溶性水污染事件中，排入水体的污染物主要有农药、柴油、苯酚和氰化物等，并且污染物的排放量一般能达到数百公斤到数十吨之间。对于绝大多数突发可溶性水污染事件来说，能够很快采取处理措施，因此污染物在水体中的时间较短，故生化反应作用可以不用考虑，本章模拟中假定污染物为 10t 的保守物质。渠道内突发可溶性水污染事件的污染物模拟特征见表 3.1。

表 3.1　　　　　　　　　典 型 渠 道 基 本 要 素

渠长/km	上游流量/(m³/s)	下游水深/m	底宽/m	底坡	边坡	糙率	汇入位置	汇入方式	是否考虑生化反应
15~30	60~300	4.5~8.0	15~30	1/30000~1/15000	1.5~3.0	0.015	渠道上游段	瞬时汇入	否

本章先将渠道理想化为单一明渠，根据表 3.1 中南水北调中线工程输水干渠典型渠道的基本要素，分别考虑渠道长度、底宽、边坡、底坡、流量以及水深的变化，设定 27 种模拟情景；在这 27 种模拟情景中，污染物的投放量均为 10t，具体的情景描述见表 3.2~表 3.7。

表 3.2　　　　　　　　　渠道长度变化的模拟情景

模拟情景	渠道长度/km	底宽/m	水深/m	边坡	底坡	流量/(m³/s)
3.1	15	20	4.5	2.5	1/20000	100
3.2	20	20	4.5	2.5	1/20000	100
3.3	25	20	4.5	2.5	1/20000	100
3.4	30	20	4.5	2.5	1/20000	100

表 3.3　　　　　　　　　渠道底宽变化的模拟情景

模拟情景	渠道长度/km	底宽/m	水深/m	边坡	底坡	流量/(m³/s)
3.5	20	15	4.5	2.5	1/20000	100
3.6	20	20	4.5	2.5	1/20000	100
3.7	20	25	4.5	2.5	1/20000	100
3.8	20	30	4.5	2.5	1/20000	100

表 3.4　　　　　　　　　渠道边坡变化的模拟情景

模拟情景	渠道长度/km	底宽/m	水深/m	边坡	底坡	流量/(m³/s)
3.9	20	20	4.5	1.5	1/20000	100
3.10	20	20	4.5	2.0	1/20000	100
3.11	20	20	4.5	2.5	1/20000	100
3.12	20	20	4.5	3.0	1/20000	100

表 3.5　　　　　　　　　　　渠道底坡变化的模拟情景

模拟情景	渠道长度/km	底宽/m	水深/m	边坡	底坡	流量/(m³/s)
3.13	20	20	4.5	2.5	1/15000	100
3.14	20	20	4.5	2.5	1/20000	100
3.15	20	20	4.5	2.5	1/25000	100
3.16	20	20	4.5	2.5	1/30000	100

表 3.6　　　　　　　　　　　渠道流量变化的模拟情景

模拟情景	渠道长度/km	底宽/m	水深/m	边坡	底坡	流量/(m³/s)
3.17	20	20	4.5	2.5	1/20000	60
3.18	20	20	4.5	2.5	1/20000	100
3.19	20	20	4.5	2.5	1/20000	120
3.20	20	20	4.5	2.5	1/20000	180
3.21	20	20	4.5	2.5	1/20000	240
3.22	20	20	4.5	2.5	1/20000	300

表 3.7　　　　　　　　　　　渠道水深变化的模拟情景

模拟情景	渠道长度/km	底宽/m	水深/m	边坡	底坡	流量/(m³/s)
3.23	20	20	4.5	2.5	1/20000	100
3.24	20	20	5.0	2.5	1/20000	100
3.25	20	20	6.0	2.5	1/20000	100
3.26	20	20	7.0	2.5	1/20000	100
3.27	20	20	8.0	2.5	1/20000	100

由于选取污染物的安全阈值（0.001mg/L）作为污染纵向长度的临界值，通过分析可知，当污染物投入量不同时，污染物纵向长度值也是不一样的，因此为了更准确地推测出污染物纵向长度预测公式，需模拟不同投放量下污染物输移扩散过程；本书是在情景 3.2 的基础上改变污染物的投放量，其中模拟的污染物投放量见表 3.8。

表 3.8　　　　　　　　　污 染 物 投 放 量 表

污染物投放量	1kg	6kg	10kg	60kg	100kg	600kg
	1t	6t	10t	60t	100t	600t

考虑到实际输水工程中，渠道一般为复杂的串联明渠，因此根据表 3.1 中输水干渠典型渠道的基本要素及输水工程特点，设置了 6 种不同的串联明渠，其中情景 3.28 中的渠道由两段相同尺寸的明渠组成，情景 3.29～情景 3.33

中的渠道由两段不同的明渠组成，每个渠道中都是改变第二段明渠的尺寸或水力条件，并且明渠 1 和明渠 2 之间是突变形式，没有渐变段。在数值模拟中将污染源设置在明渠的上游，并且污染源的投放是瞬时单点排放。模拟中污染物投放量为 10t 并且假定污染物在水体中没有生化反应。6 种串联明渠模拟参数见表 3.9。

表 3.9 串 联 明 渠 模 拟 参 数

模拟情景		长度/km	底宽/m	边坡	底坡	水深/m	流量/(m³/s)	说　明
3.28	明渠 1	15	20	2.0	1/25000	5	150	上下游渠道一致
	明渠 2	15	20	2.0	1/25000	5	150	
3.29	明渠 1	15	20	2.0	1/25000	5	150	下游渠道底宽增加
	明渠 2	15	30	2.0	1/25000	5	150	
3.30	明渠 1	15	20	2.0	1/25000	5	150	下游渠道底坡增加
	明渠 2	15	20	2.0	1/20000	5	150	
3.31	明渠 1	15	20	2.0	1/25000	5	150	下游渠道边坡变缓
	明渠 2	15	20	2.5	1/25000	5	150	
3.32	明渠 1	15	20	2.0	1/25000	5	150	下游渠道内水深增加
	明渠 2	15	20	2.0	1/25000	7	150	
3.33	明渠 1	15	20	2.0	1/25000	5	150	下游渠道流量增加
	明渠 2	15	20	2.0	1/25000	5	300	

3.2.3 模拟结果分析及溯源公式确定

1. 理想型单一明渠溯源公式确定

（1）特征参数分析。傅国伟[119]在《河流水质数学模型及其模拟计算》中提出，一维河流突发性排污时，对于惰性污染物，在发生即可知情况下，下游断面污染物浓度表达式为

$$C(x,t) = C_0 \frac{v}{\sqrt{4\pi D_L t}} \exp\left[-\frac{(x-vt)^2}{4D_L t}\right] \tag{3.8}$$

其中
$$C_0 = M/Q$$

式中：$C(x, t)$ 为沿线 x 处在 t 时刻的污染物浓度，mg/L；C_0 为 $x=0$ 处，瞬时投放的平面污染源浓度，mg·s/L；M 为瞬时投放的污染物总量，g；Q 为河水流量，m³/s；v 为平均流速，m/s；D_L 为弥散系数，m²/s；x 为到投放污染物的距离，m。

由式（3.8）可知，污染物浓度分布符合正态分布，根据正态分布的曲线

特性，当 $x=vt$ 时，浓度 C 取得最大值，对于沿线流速变化较小的单一明渠来说，污染物峰值浓度输移距离的表达式为

$$D=60vT \tag{3.9}$$

式中：D 为污染物峰值输移距离，m；v 为平均流速，m/s；T 为传播时间，min。

污染物在 x 断面的峰值浓度为

$$C(x,t)=\frac{M}{A\sqrt{4\pi D_{\mathrm{L}}T}}=\frac{Mv}{Q\sqrt{4\pi D_{\mathrm{L}}T}} \tag{3.10}$$

已知在一维瞬时污染物扩散过程中，污染物浓度随流动时间呈正态分布。根据正态分布曲线区间面积比例分布可以得到，在 4σ 的范围内已经包括了污染物总量的 95%，在 6σ 的范围内污染物总量比例为 99.74%，基于此，可以将弥散宽度定义为 $m\sigma$。已知示踪法确定离散系数的基本思路是以示踪物水团的变化速率来度量离散系数，即

$$D_{\mathrm{L}}=\frac{1}{2}\frac{\partial\sigma^2}{\partial t} \tag{3.11}$$

对式（3.11）进行积分得到污染物纵向拉伸速度表达式：

$$v=\frac{m\sigma}{t}=\frac{a\sqrt{\int 2E_x\mathrm{d}t}}{t}=a\sqrt{2}D_{\mathrm{L}}^{0.5}t^{-0.5} \tag{3.12}$$

式中：$a=m/2$。

因此，T 时间内污染物沿渠道污染带长度 W 可表达为

$$W=\int_0^T v\mathrm{d}t=2a\sqrt{2}D_{\mathrm{L}}^{0.5}T^{0.5} \tag{3.13}$$

（2）数值模拟结果分析。练继建等[122]提出渠道尺寸和水力条件对污染物的扩散有影响，但是没有具体给出量化公式。因此为了进一步研究污染物在单一渠道中输移扩散规律，对表 3.2～表 3.7 中所列的情景进行一维数值模拟，统计分析数值模拟结果，如图 3.5～图 3.7 所示。

从图 3.5 中可以看出峰值输移距离与长度、底坡、流量以及传播时间成正比例线性关系，与边坡系数、底宽和水深成反比例线性关系。同时还可以看出渠道的长度、底坡对峰值输移距离影响甚微。从水力学角度看，渠道几何尺寸和水力条件主要是影响渠道内水流流速，因此污染物峰值输移距离的量化公式（3.9）是合理的。

从图 3.6 中可看出，渠道长度和底坡的变化对峰值浓度的影响可忽略，而峰值浓度随底宽、边坡、水位、流量增加而减小，并且浓度随传播时间呈幂次降低。同时式（3.10）正好反映了峰值浓度与渠道几何尺寸和水力条件的上述关系，因此认为污染物峰值浓度的量化公式（3.10）是合理的。

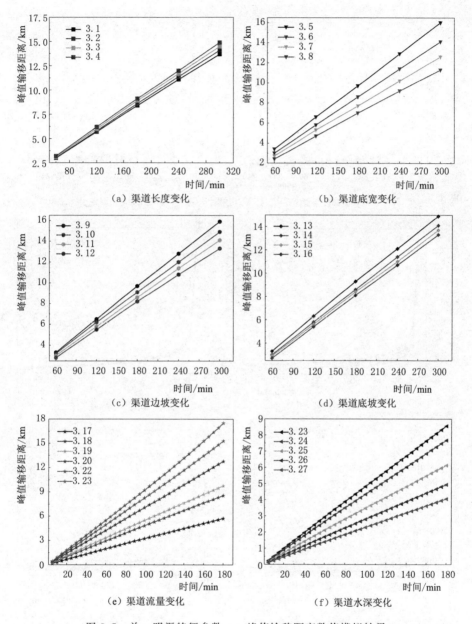

图 3.5 单一明渠特征参数——峰值输移距离数值模拟结果

从图 3.7 中可看出，渠道长度、底坡、底宽的变化对污染物纵向长度的影响可忽略，而边坡、水位、流量的变化对纵向长度有较大的影响，并且纵向长度随传播时间呈幂次增加；而从式（3.13）可看出，纵向长度与离散系数和 $T^{0.5}$ 成正比关系，而从离散系数的计算公式（3.5）可知，边坡、水位、流量

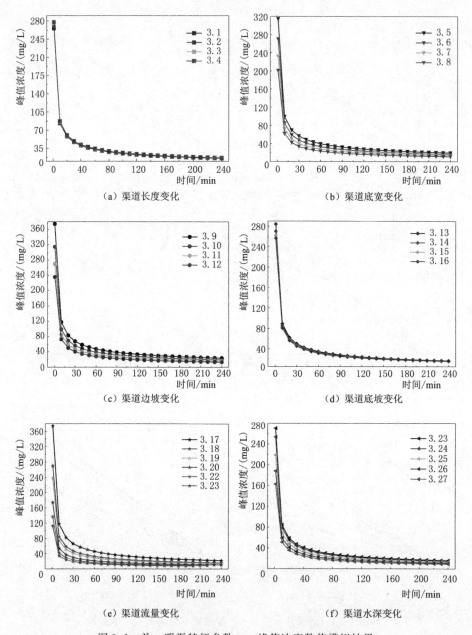

图 3.6　单一明渠特征参数——峰值浓度数值模拟结果

对离散系数有很大影响；因此图 3.7 中纵向长度与渠道几何尺寸和水力条件的上述关系可由式（3.13）量化表示。但是在式（3.13）中存在一个修正系数 a，其主要作用是在污染物纵向长度计算时将突发污染类型及突发污染量级的

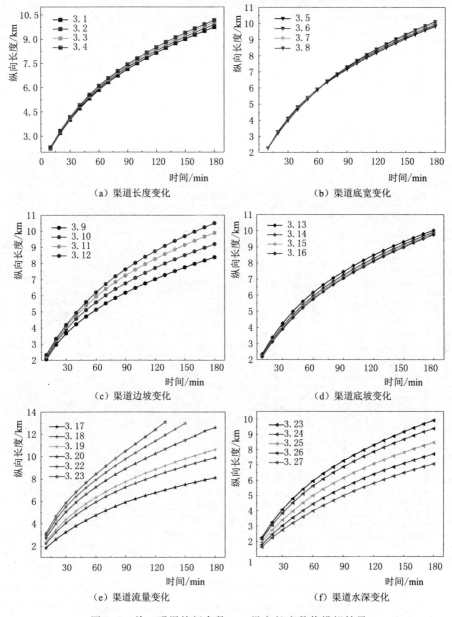

图 3.7 单一明渠特征参数——纵向长度数值模拟结果

影响考虑在内。根据前文中污染物纵向长度的定义可知，本书将污染物的安全阈值（0.001mg/L）作为污染纵向长度的临界值。因此在情景 3.2 的基础上，对表 3.8 中不同污染物投放量进行模拟研究，统计分析数值模拟结果见表 3.10。

表 3.10　　　　　　　　不同污染量级下沿程污染物纵向长度模拟值

投放量	参数	时长/h										
		6	12	18	24	30	36	42	48	54	60	66
1kg	纵向长度/km	2.14	2.72	3.08	3.33	3.52	3.66	3.76	3.83	3.88	3.91	3.93
	系数 a	1.95	1.75	1.62	1.51	1.43	1.36	1.29	1.23	1.17	1.12	1.08
6kg	纵向长度/km	2.98	3.98	4.69	5.25	5.74	6.12	6.47	6.78	7.06	7.31	7.55
	系数 a	2.71	2.56	2.46	2.39	2.32	2.27	2.22	2.18	2.14	2.1	2.07
10kg	纵向长度/km	3.17	4.26	5.04	5.67	6.19	6.64	8.04	7.4	7.72	8.02	8.29
	系数 a	2.88	2.74	2.64	2.58	2.52	2.64	2.76	2.38	2.34	2.31	2.27
60kg	纵向长度/km	3.79	5.15	6.16	6.96	7.65	8.25	8.79	9.27	9.71	10.12	10.5
	系数 a	3.45	3.31	3.23	3.16	3.11	3.06	3.02	2.98	2.94	2.91	2.88
100kg	纵向长度/km	3.94	5.38	6.44	7.29	8.02	8.65	9.23	9.73	10.2	10.65	11.04
	系数 a	3.58	3.46	3.38	3.31	3.26	3.21	3.17	3.13	3.09	3.06	3.03
600kg	纵向长度/km	4.44	6.11	7.34	8.34	9.19	9.94	10.61	11.23	11.79	12.3	12.79
	系数 a	4.04	3.93	3.85	3.79	3.74	3.69	3.65	3.61	3.57	3.54	3.51
1t	纵向长度/km	4.58	6.31	7.58	8.62	9.49	10.3	10.98	11.6	12.2	12.7	13.2
	系数 a	4.16	4.04	4.06	3.92	3.86	3.81	3.77	3.73	3.69	3.66	3.63
6t	纵向长度/km	5.02	6.94	8.36	9.52	10.5	11.38	12.17	12.9	13.54	14.15	14.72
	系数 a	4.56	4.46	4.39	4.33	4.27	4.22	4.18	4.14	4.1	4.07	4.03
10t	纵向长度/km	5.14	7.11	8.56	9.76	10.8	11.68	12.49	13.2	13.9	14.53	15.12
	系数 a	4.67	4.57	4.49	4.44	4.38	4.33	4.29	4.25	4.21	4.18	4.14
60t	纵向长度/km	5.54	7.68	9.26	10.6	11.7	12.66	13.55	14.4	15.1	15.78	16.43
	系数 a	5.04	4.94	4.86	4.8	4.75	4.7	4.65	4.61	4.57	4.54	4.5
100t	纵向长度/km	5.66	7.83	9.45	10.8	11.9	12.93	13.83	14.7	15.42	16.13	16.79
	系数 a	5.14	5.03	4.96	4.9	4.85	4.8	4.75	4.71	4.67	4.64	4.6
600t	纵向长度/km	6.02	8.34	10.1	11.5	12.7	13.82	14.9	15.7	16.51	17.27	17.98
	系数 a	5.47	5.36	5.29	5.23	5.18	5.13	5.09	5.04	5.0	4.96	4.93

由表 3.10 可知，在河段水动力条件确定的情况下，修正系数 a 与污染物投放量以及时间有关，污染物投放量越大系数 a 越大，但是随着传播时间增加，系数 a 减小。对数值模拟结果统计分析，得到系数 a 随污染物投放量不同发生变化，并且系数 a 随传播时间 T 变化而发生变化，通过对模拟数值进行回归分析得到系数 a 的计算公式，如下：

$$a = \left[6 + 0.5\ln\left(\frac{M}{10}\right) \right] T^{-0.045} \tag{3.14}$$

式中：M 为污染物投放量，t；T 为传播时间，min。

设置 4 组检验工况，其工况基本参数见表 3.11。检验式（3.14）的适用性，污染物纵向长度模拟值与公式计算值的误差见表 3.12 所示。

表 3.11　　　　　　　　　　验 证 工 况 基 本 参 数

验证工况	渠道长度/km	底宽/m	水深/m	边坡	底坡	流量/(m³/s)	汇入总量/t
3.34	60	40	8.0	3.5	1/25000	350	30
3.35	48	20	7.0	1.5	1/18000	230	50
3.36	18	28	6.5	2.3	1/23000	190	120
3.37	27	16	4.0	1.9	1/27000	130	160
3.38	42	33	6.0	2.5	1/24000	150	90

表 3.12　　　　　验证工况纵向长度模拟值与公式计算值对比

验证工况	模拟值及计算值	时长/min								
		30	60	90	120	150	180	210	240	270
3.34	模拟值/km	1.83	2.56	3.10	3.54	3.93	4.27	4.59	4.87	5.13
	计算值/km	1.91	2.63	3.16	3.61	3.99	4.34	4.66	4.95	5.23
	误差/%	4.67	2.72	2.10	1.98	1.73	1.77	1.59	1.77	1.96
3.35	模拟值/km	2.71	3.78	4.58	5.24	5.82	6.33	6.81	7.23	7.62
	计算值/km	2.84	3.88	4.67	5.31	5.88	6.39	6.85	7.28	7.67
	误差/%	4.76	2.78	1.91	1.46	1.06	0.91	0.58	0.63	0.71
3.36	模拟值/km	3.36	4.67	5.67	6.47	7.18	7.81	8.38	8.90	9.38
	计算值/km	3.54	4.85	5.83	6.64	7.34	7.98	8.55	9.09	9.59
	误差/%	5.36	3.79	2.74	2.58	2.28	2.14	2.08	2.11	2.20
3.37	模拟值/km	4.04	5.68	6.95	8.04	9.02	9.95	10.84	11.71	12.39
	计算值/km	4.41	6.11	7.39	8.46	9.40	10.23	11.01	11.72	12.62
	误差/%	9.20	7.57	6.36	5.25	4.18	2.89	1.54	0.08	1.85
3.38	模拟值/km	4.27	5.94	7.19	8.22	9.12	9.91	10.63	11.29	11.90
	计算值/km	4.35	5.99	7.22	8.25	9.14	9.95	10.68	11.36	12.00
	误差/%	1.84	0.82	0.44	0.33	0.24	0.35	0.46	0.60	0.77

由表 3.12 可知，随着污染物投放量的增加，污染物纵向长度模拟值与快速预测公式之间的误差也相应变大，但是五组验证工况的误差均小于 ±10%，能够满足预测精度要求，说明式（3.14）有很好的普适性。综上所述，在突发可溶性水污染情况下，单一明渠内污染带长度量化公式可表达为

$$W = 2a\sqrt{2}D_L^{0.5}T^{0.5} = \left[12 + \ln\left(\frac{M}{10}\right)\right]\sqrt{2D_{Li}}\,T^{0.455} \tag{3.15}$$

2. 现实型串联明渠污染物特征参数模拟分析

在实际工程中，上下游渠道断面尺寸通常不同，在突发水污染情况下，污染物由上级渠道进入下级渠道后的输移扩散规律与单一河段中有所不同。根据对中线总干渠特性分析可知，串联渠道上下游河宽变化范围在 20m 以内，边坡和底坡变化较小。基于此，设置串联河段水动力条件工况见表 3.9，根据文献 [30] 设置河段糙率为 0.015，模拟串联渠道内污染物输移扩散特征，模拟结果见图 3.8。

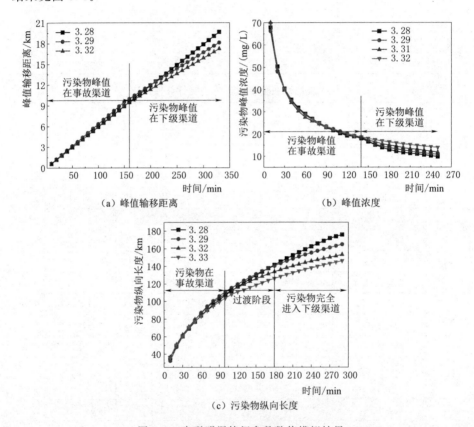

（a）峰值输移距离　　　　　　　（b）峰值浓度

（c）污染物纵向长度

图 3.8　串联明渠特征参数数值模拟结果

由图 3.8 (a) 中可以看出，随着渠道内流速的减小，污染物峰值输移距离也在减小，主要是由于污染物已经稀释混合完全，污染物主要是随水流传播。因此，对于不同渠道尺寸和水力条件的串联明渠，结合单一明渠中峰值输移距离量化公式可得，已知发生明渠内峰值输移距离量化公式为

$$D = 60vT \tag{3.9}$$

由峰值输移距离在串联明渠内的变化规律可得下级明渠内峰值输移距离量

化公式：

$$\begin{cases} D = D_i + 60v_{i+1}\Delta t_i \\ \Delta t_i = T - T_i \end{cases} \tag{3.16}$$

式中：D_i 为污染源距下级明渠入口的距离，m；v_i 为第 i 个明渠的流速，m/s；Δt_i 为污染物进入第 $i+1$ 个明渠的时间，min；T 为时间，min；T_i 为污染物离开第 i 个明渠的时间，min。

由图 3.8（b）可知，污染物峰值在事件明渠内的变化规律与单明渠内一致；但是当污染物峰值进入下级明渠内，峰值浓度随明渠流速减小而增加，这是由于污染带长度值随明渠内流速减小而减小，因而在质量守恒条件下，污染物浓度变化与污染带长度变化相反。因此分析不同渠道尺寸和水力条件的串联明渠内峰值浓度变化规律，得到峰值浓度量化公式为

$$C_{\mathrm{m}} = \frac{v_{i-1}}{v_i} \frac{1000M}{A_i \sqrt{\pi D_{\mathrm{L}i}}} (60T)^{-0.5\left(\frac{v_{i-1}}{v_i}\right)} \tag{3.17}$$

式中：v_{i-1} 为上级明渠流速，m/s；v_i 为事件明渠流速，m/s；A_i 为事件明渠断面面积，m²；C_{m} 为污染物峰值浓度，mg/L；$D_{\mathrm{L}i}$ 为事件明渠离散系数，m²/s；M 为污染物投放总量，kg；T 为时间，min。

由图 3.8（c）可看出，在串联明渠中，污染带长度分为 3 个阶段：污染物在事故明渠，过渡阶段，污染物完全进入下级明渠。在事故明渠内，污染带长度与单一明渠中变化规律一致。在过渡阶段，污染带长度的增加随流速的减小而减小，主要是由于流速减小，压缩污染带长度，并且污染带长度的增加与时间以及下级明渠的流速呈正比。完全进入下级明渠，污染带长度变化规律和单一明渠中一致，但是污染带长度的增加值随明渠内流速减小基本上呈倍数减小。因此，对于不同渠道尺寸和水力条件的串联明渠，污染带长度量化公式表示见式（3.18）~式（3.20）。

因此污染物在事件明渠内污染带长度量化公式可表达为

$$W = 2a\sqrt{2}D_{\mathrm{L}}^{0.5} T^{0.5} = \left[12 + \ln\left(\frac{M}{10}\right)\right]\sqrt{2D_{\mathrm{L}i}} T^{0.455} \tag{3.18}$$

式中：$D_{\mathrm{L}i}$ 为事件明渠离散系数，m²/s。

污染物在过渡阶段污染带长度量化公式为

$$\begin{cases} W = W_i + \dfrac{v_{i+1}}{v_i}\Delta T \\ \Delta T = T - T_i, 0 \leqslant \Delta T \leqslant t \end{cases} \tag{3.19}$$

式中：T_i 为污染物前锋到达下级渠道的时间，min；ΔT 为污染物进入第 2 个渠段的时间，min；W 为污染带长度，m；t 为污染物前峰进入下级明渠到后峰离开所用时间，min。

污染物完全进入下级明渠内污染带长度量化公式为

$$W = \left[12 + \ln\left(\frac{M}{10}\right)\right]\sqrt{2D_{L_{i+1}}}\, T^{0.455}\frac{v_{i+1}}{v_i} \tag{3.20}$$

式中：v_i 为事件明渠流速，m/s；v_{i+1} 为下级明渠流速，m/s；$D_{L_{i+1}}$ 为下级明渠离散系数，m^2/s；M 为污染物投放量，t；T 为时间，min。

设置 3 组检验工况，其工况基本参数见表 3.13。检验串联明渠中污染物量化公式（3.16）～式（3.20）的适用性。为清楚显示污染物量化公式计算值与数值模拟值的对比结果，选取工况 3.39、工况 3.40、工况 3.41 的对比结果，绘制其对比结果见图 3.9。

表 3.13　　　　　　　　　复杂渠池验证工况基本参数

工况	长度/km	底宽/m	边坡	底坡	水深/m	流量/(m³/s)	污染物量级/t
3.39	15	19	2.0	1/25000	7.5	350	10
	10	23	2.0	1/25000	7.5	350	10
3.40	6	24	2.0	1/25000	7	305	10
	12	25	2.0	1/30000	7	305	10
3.41	20	18	2.5	1/30000	7	265	10
	15	21	2.0	1/30000	7	265	10

图 3.9 中结果显示，峰值输移距离和峰值浓度量化公式计算值与数值模拟值基本一致，而纵向长度模拟值与公式计算值中间段存在误差，但是趋势相同，相对误差均小于 10%，预测结果在数值上较为合理。

3. 污染物溯源公式确定

首先，事故发生后根据相关部分的水质监测可获得某一时刻污染物的峰值浓度、污染物在该时刻的扩散范围及水流特性。然后利用污染物特征参数变化规律确定污染源投放量及污染事件发生时间，最后将污染发生的时间代入峰值输移距离计算公式中确定污染源的位置。因此，调水工程突发水污染事件溯源公式为

$$\begin{cases} M = f(C, W) \\ L = f(T) \end{cases} \tag{3.21}$$

式中：M 为污染源投放量；L 为污染源距监测点的距离。

针对调水工程中长度较大的河段，采用整段平均流速来开展污染物范围及程度的预测与实际过程相差较大，结合串联河段的研究成果，可考虑将长度较大的河段按断面特性、底坡变化规律等进行分段，利用本节提出的污染物溯源公式对分段后的污染输移扩散过程进行预测，能够快速准确地确定污染源的位置及投放量。

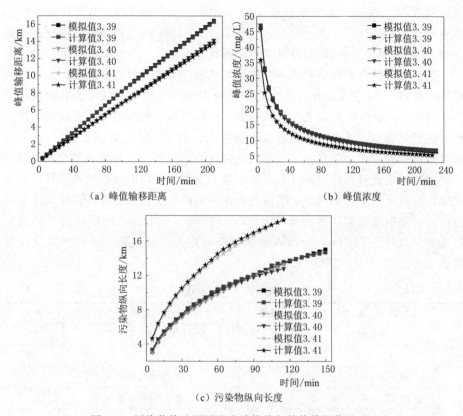

（a）峰值输移距离 （b）峰值浓度

（c）污染物纵向长度

图 3.9 污染物快速预测公式计算值与数值模拟值的对比

3.3 污染物溯源公式物模验证

由于缺乏实际污染事件的现场数据，为了考察污染物溯源公式的适用性，开展实验室中的水力水质模拟研究。按照一定的比尺设计室内试验水槽，以此模拟流域突发水污染事件中污染物的输移扩散规律。通过对水质的取样分析，得到污染物浓度的监测数据。

3.3.1 试验材料和设备

调水工程突发可溶性污染物输移扩散特征分析及溯源公式验证的物理模型试验在循环玻璃水槽中开展，物理模型实图如图 3.10 所示。模型试验系统主要由循环水槽、自动控制系统、水样采集和分析系统等组成。水槽总长 95m，宽 0.4～1.0m，高 0.4m，由矩形段和梯形段组成。循环水槽通过调节抽水泵流量来改变水槽内的流量和流速，为减小水槽底面对水流的黏滞作用，试验水深控制在 15～30cm。示踪剂投放位置为断面 1—1，布置自计式水位计和旋桨式流速仪于断面 1—2、1—3、2—1、2—2、3—1 和 3—2 的位置，同时在断面 3—1 布置 ADV 流速仪加测分汊支流段流速。

目前国内外开展污染物输移扩散采用的示踪剂主要有罗丹明 B、无水硫酸铜和三唑磷[118]，为了减小污染物对水体及人体的危害，本试验选取的示踪剂为罗丹明 B。罗丹明 B 为人工合成染料，易溶于水，水溶液呈鲜桃红色，是一种红色荧光物质，无毒、不会被悬浮物吸收、遇光不会分解、很稳定[123]，能满足示踪实验要求，是现在水力学实验常用的示踪剂。试验中依靠 752N 型紫外线分光光度计对水样进行分析，建立吸光度和浓度值的线性关系曲线。分光光度计分析法是基于不同分子结构的物质对电磁辐射选择性吸收而建立的分析方法，应用电磁辐射波谱区通常为 200～800nm，试验采用的罗丹明 B 的最吸光度时的波长是 554nm，为可观测波长范围内。试验设备、试验材料及仪器见表 3.14、图 3.10 和图 3.11。

表 3.14　　　　　　　　　　试 验 设 备 及 仪 器

仪 器 及 设 备	数量	仪 器 及 设 备	数量
循环水槽	1	可溶污染物投放装置	1
提水泵	1	ADV 流速仪	1
自计式水位计	6	水位采集接收器	1
旋桨式流速仪	6	流速采集接收器	1
752N 型紫外线分光光度计	2	电子秤	1
数据传输线	若干	烧杯、容量瓶、取样管和样品架	若干

图 3.10　试验设备及仪器图

3.3.2　试验方法

为了验证溯源公式的合理性，开展物理模型试验研究，试验模型平面图如

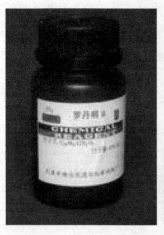

图 3.11 试验配制的罗丹明溶液

图 3.12 所示。试验中考虑的输水方案为正常输水方案，并且进行 3 次重复试验。其中试验渠道上游断面底宽为 1m、高 0.4m，下游断面底宽为 0.5m、高为 0.4m。在试验渠道上设置 4 个取样断面（图 3.12 中 D1～D4），每个断面设置 1 个取样点，取样间隔为 10s。渠上布置 2 台水位计和 4 台流速仪，其中水位计分别布置在投放装置之后和尾门之前，流速仪分别布置在每个取样断面处，试验方案见表 3.15。

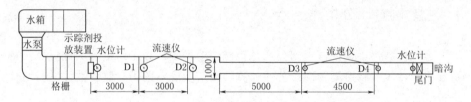

图 3.12 试验模型平面布置图

表 3.15 试 验 方 案

方案	罗丹明重量 /g	溶液体积 /L	断面流速/(cm/s)				水深/cm		取样间隔 /s
			v_1	v_2	v_3	v_4	h_1	h_2	
1	5	3	4.0	3.8	7.6	7.9	10	10.2	10
2	3	3	5.5	5.4	11.8	11.5	12	11.5	10
3	6	3	2.1	2.3	4.2	4.5	11	11.2	10

3.3.3 试验结果

物理模型试验中选取污染物峰值到达 D3 时的时间、纵向长度以及在 D3

时刻污染物峰值浓度为参考指标，分别对比其试验结果和污染物特征参数量化公式的计算结果，见表 3.16。

表 3.16　　　　　　　　　　　　　物理模型试验和公式结果对比

方案	参 考 指 标	试验结果	公式计算	相对误差/%
1	峰值到达 D3 的时间	260s	285s	9.6
	纵向长度	12m	13.5m	12.5
	峰值浓度	1.85mg/L	1.59mg/L	14.1
2	峰值到达 D3 的时间	240s	210s	12.5
	纵向长度	8m	9.6m	20.0
	峰值浓度	1.62mg/L	1.38mg/L	14.8
3	峰值到达 D3 的时间	490s	500s	2.0
	纵向长度	14.5m	15.7m	8.3
	峰值浓度	2.45mg/L	2.15mg/L	12.2

由表 3.16 可得，污染物峰值到达 D3 时的时间、纵向长度以及在 D3 时刻污染物峰值浓度的试验结果和污染物快速预测公式的计算结果吻合良好，证明正常输水情况下串联明渠中污染物特征参数量化公式的合理性，为突发可溶性水污染事件追踪溯源提供有力工具支持。

3.4　案例对比分析

为了检验污染物快速预测公式是否能快速准确地确定污染源的位置及污染物投放量，本节将污染物溯源公式计算结果与实际示范工程监测数据进行对比分析。

2014 年 3 月 22 日在京石段蒲阳河节制闸上游白云庄北沟排水渡槽至蒲阳河节制闸下游东阳各庄桥之间进行现场试验。监测断面布置在桥梁处和搭建的应急处置浮桥处，以便采样取水。总计布置监测断面 4 个，见图 3.13。在每个监测断面上分别布置旋桨流速仪和 ADV 流速仪监测断面流速；根据对称性原则，也为了避免断面浓度不均匀造成的过大误差，在 4 个监测断面自断面中垂线至边壁布设 3 个监测点，在每个监测点用取水瓶取水，然后记录取样时间和位置，编号整理后离线分析水样。监测频次采取先密后疏的方式，峰值过后监测频次逐渐减小，上午 9 点开始投放，示踪剂投放后的 6h 内，采取每10min 取样，往后逐渐延长为每 30min 取样。

示范工程由 2 个明渠组成，渠系基本要素见表 3.17。将 1000kg 的蔗糖在白云装北桥投入渠道中，利用桥梁布置 4 个监测断面，各断面平均浓度时间过

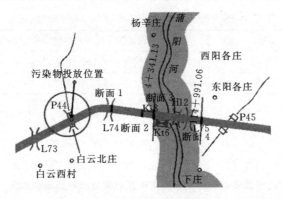

图 3.13　监测断面分布示意图

程曲线如图 3.14 所示。从图 3.14 中分别得到污染物峰值到达监测断面的时间以及监测断面峰值浓度，见表 3.18。分析各个断面的浓度随时间变化情况，计算 4 个断面同一时间 3 个监测点的浓度的平均值。

表 3.17　　　　　　　　　　　　示范工程渠道基本要素

渠号	渠长/km	流量/(m³/s)	水深/m	渠底宽/m	边坡	糙率	纵坡	离散系数/(m²/s)
1	0.43	5	3.5	21.5	2.5	0.0125	1/25000	3.43
2	1.715	5	3.5	21	2	0.0125	1/25000	3.43

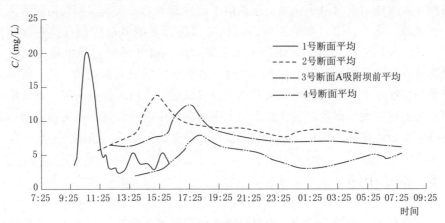

图 3.14　各断面平均浓度时间过程曲线

表 3.18　　　　　　　　　　　　　监　测　结　果

监测断面	断面流速/(m/s)	Fr	峰值到达断面的时间/s	断面峰值浓度/(mg/L)
断面 1	0.08	0.014	4800	20.17
断面 2	0.07	0.012	21900	13.89

监测断面	断面流速/(m/s)	Fr	峰值到达断面的时间/s	断面峰值浓度/(mg/L)
断面 3	0.06	0.010	30300	12.31
断面 4	0.055	0.009	32700	7.91

假设不知道污染物投放位置和投放量，根据表 3.18 中监测的 4 个断面峰值浓度和峰值到达每个断面的时间，利用污染物溯源公式确定污染源信息，其对比结果见表 3.19。

表 3.19　　　　　现场试验监测断面蔗糖浓度过程实测值与预测值对比

断面编号	污染源距峰值断面的距离			污染物投放量		
	实测值/m	预测值/m	误差/%	实测值/kg	预测值/kg	误差/%
1	429	384	−10.5	1000	1056	5.6
2	1500	1586	5.78	1000	1043	4.3
3	1698	1820	7.18	1000	1018	1.8
4	1798	1933	7.50	1000	1010	1.0

根据现场试验实测数据与追踪溯源公式预测值的对比结果可知：由峰值到达每个断面的时间预测污染源位置，结果第一个断面预测误差较大，这是由于污染物在投放过程中无法实现整个断面均匀分布，大量高浓度高密度蔗糖溶液突然冲入水体，本身对平稳水流存在向下游冲击的力，导致实测污染源距离大于预测值。第二、第三和第四断面的污染源位置预测效果较好，误差分别为 5.78%、7.18% 和 7.50%，满足预测精度要求。通过污染物峰值浓度预测污染物投放量效果较好，误差在 6% 以内，第四断面的误差甚至为 1%，能够满足预测精度要求；本次现场试验监测段距离较短、人员及设备有限，开展较长距离实测难度大，而示踪剂在输水河渠中纵向长度较长，短距离实测不能得到准确的纵向长度值。因此，并未通过纵向长度对污染源进行预测。

3.5　本章小结

本章基于反问题的思路，将追踪溯源的问题演变为突发可溶性污染物快速预测的问题。在突发可溶性污染物输移扩散规律的研究过程中，提出了表征污染范围及污染程度的 3 个特征参数：污染物峰值输移距离、峰值浓度及纵向长度。其中，针对输水工程，通过咨询水环境专家并结合《地表水环境质量标准》（GB 3838—2002）基本项目标准限值，定义大于等于 0.001mg/L 的污染物浓度范围为污染物纵向长度。

通过物理模型试验，进一步证实 HEC-RAS 软件中的水动力模拟模块和水质模拟模块可模拟明渠输水工程突发可溶性污染物输移扩散过程。根据明渠中瞬时突发污染源的浓度分布公式推求特征参数量化公式，理想型单一明渠污染物峰值浓度输移距离的量化公式为式（3.9）；污染峰值浓度量化公式为式（3.10）；通过模拟不同投放量下突发可溶性污染物输移扩散规律，分析污染量级对污染物纵向长度的影响，提出了适用于输水工程的纵向长度量化公式为式（3.15）。

结合输水工程沿程断面尺寸发生变化的特性，根据多组工况数值模拟分析结果，提出突发可溶性污染物在串联渠道中的输移扩散特征参数量化公式。其中，污染物峰值浓度输移距离的量化公式为式（3.16）；污染峰值浓度预测量化为式（3.17）。在串联明渠中，污染带长度分为 3 个阶段：污染物在事件明渠，过渡阶段，污染物完全进入下级明渠。故在事件明渠内纵向长度量化公式可表达为式（3.18）；在过渡阶段纵向长度量化公式为式（3.19）；污染物完全进入下级明渠内纵向长度量化公式为式（3.20）。

最终根据污染物特征参数量化公式，确定污染源投放量及污染源位置的计算公式为式（3.21）。

本章基于数值模拟、物理模型试验和现场案例对比，提出了适用于突发可溶性水污染事件追踪溯源方法。基于一维数值模拟、物理模型试验和案例对比，分析单一明渠内污染物输移扩散特征的合理性，并通过物理模型试验和现场案例对比，验证污染物特征参数量化公式的合理性。在河渠基本水动力条件、突发可溶水污染事件任意时刻污染物信息已知的情况下，能够利用污染物溯源公式快速准确地预测出污染源基本信息，为应急响应预案的提出提供决策支持。

第4章 突发水污染事件下闸控方式
优选和污染物快速识别研究

　　跨流域调水工程突发水污染事件应急调控决策体系中闸控方式优选和污染物快速识别是重要组成部分，同时也是应急调控策略及预案提出的基础。突发水污染事件发生后，需要立即采取措施进行调控；在调控过程中，污染物的扩散规律受水流影响；在水流波动前，污染物在水流的驱动下向下游扩散，污染物纵向长度逐渐增加，污染范围增加；到达一定时间后，污染物扩散随水流减小而趋于稳定，并在上下游水波的作用下开始摆动，直到水流稳定后，污染物扩散稳定。在调控过程中，闸门关闭的不合理不仅会给输水渠道带来危害，还会给人民的生命和国家财产造成重大损失。因此研究闸门控制下污染物输移扩散规律对污染物控制及调控具有重要的指导意义。

　　本章以跨流域调水工程为研究对象，采用数值模拟和物理模型试验的手段，定性地分析了渠道几何尺寸、水力条件和闸门关闭时间对闸控下污染物输移扩散的影响。考虑到实际工程中遇到突发水污染事件需要快速做出响应，本章利用线性拟合的方法，对数值模拟结果进行统计分析，提炼出闸门调控下污染物快速识别公式。同时考虑工程实际特点，结合污染物类型确定应急调控决策模型，为突发水污染事件应急处置提供决策支持。

　　突发水污染事件下的闸控方式优选和污染物快速识别研究思路如图 4.1 所

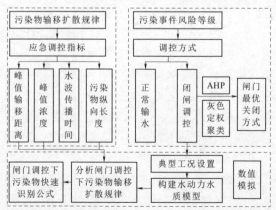

图 4.1　突发水污染事件下的闸控方式优选和污染物快速识别研究思路

示。主要研究包括两项内容：①闸门调控方式确定，根据水质要求和污染事件风险等级确定闸门调控方式，然后将 AHP 和灰色定权聚类结合，确定适用于调水工程的闸门最优关闭方式；②闸门调控下污染物输移扩散规律研究，根据长距离输水干渠的特性，结合数值模拟结果，开展不同模拟情境下的可溶污染物特征参数分析，提炼出闸门调控下污染物快速识别公式；并通过数值模拟验证污染物快速识别公式的合理性。

4.1 闸门调控方式确定和优选

4.1.1 闸门调控方式确定

当突发水污染事件发生后，决策者需根据事件性质及工程特点确定应急调控方式。本章主要研究的应急调控方式有两种：正常输水和闸门调控。对于水污染风险较低的事件，根据对水质的不同要求采取的调控方式也不同。对于无毒污染物或者污染物浓度随着水流传播逐渐降低，最后能达到水质标准的情况，决策者一般会考虑经济效益，而维持正常输水。若污染物为有毒物质，并且一定时间后浓度仍超出水质标准，此时考虑安全因素，会采取闸门调控。对于其他风险级别的水污染事件，决策者会考虑对水质的要求进行调控。本章根据突发水污染事件风险等级及对水质的要求确定应急调控方式，具体标准见表 4.1。

表 4.1　　　　　　　　　应急调控方式确定标准

风 险 等 级	水 的 用 途	调 控 方 式
一般风险	饮用水	正常输水
	灌溉及生产用水	正常输水
	生态与环境用水	正常输水
较大风险	饮用水	闸门调控
	灌溉及生产用水	正常输水
	生态与环境用水	正常输水
重大风险	饮用水	闸门调控
	灌溉及生产用水	闸门调控
	生态与环境用水	正常输水
特别重大风险	饮用水	闸门调控
	灌溉及生产用水	闸门调控
	生态与环境用水	闸门调控

4.1.2　闸门最优关闭方式

闭闸调控方式的选取主要取决于闸门调控效果和操作技术。不同输水工程的沿线建筑物、水力控制等条件不同，所选择的闸门调控方式的调控效果和操作技术水平相差很大。为了有效控制污染物，减小经济损失，必须根据输水工程的实际情况选取技术易操作、调控效果最好的闭闸调控方式。目前，比较常见的闸门调控方式有同步闭闸调控和异步闭闸调控[135-137]。本章主要利用 HEC-RAS 建立水动力水质模型，研究不同闭闸方式下污染物输移扩散规律，然后将 AHP 和灰色定权聚类结合，确定适用于调水工程的闸门最优关闭方式。

1. 数值模拟情景设置

为了确定适用于调水工程的闸门最优关闭方式，本章拟定的模拟计算工况参数见表 4.2。模拟中假定污染物在上游闸后瞬时汇入渠道，污染物投放量为 10t。每种工况情况下，闸门关闭方式分别为同步闭闸和异步闭闸调控，其中同步闭闸调控是指上下游节制闸门同时关闭，异步闭闸调控是指上游节制闸先关闭，一定时间后关闭下游节制闸。调控方式设置如下：

表 4.2　　　　　　　　同、异步闭闸方式下的模拟情景基本参数

工况	渠道长度 /km	底宽 /m	边坡	流量 /(m³/s)	水深 /m	流速 /(m/s)	$\Delta\tau$ /min	投放量 /t	闸门调控方式
4.1	5	20	2.0	100	4.5	0.77	9.8	10	同步和异步闭闸
4.2	10	20	2.0	100	4.5	0.77	19.6	10	同步和异步闭闸
4.3	20	20	2.0	100	4.5	0.77	39.2	10	同步和异步闭闸
4.4	20	20	1.5	100	4.5	0.83	38.8	10	同步和异步闭闸
4.5	20	25	2.0	100	4.5	0.65	40	10	同步和异步闭闸
4.6	20	20	2.0	120	4.5	0.92	38	10	同步和异步闭闸
4.7	20	20	2.0	100	7.0	0.42	34	10	同步和异步闭闸
4.8	20	20	2.0	100	4.5	0.77	49	10	同步和异步闭闸
4.9	35	20	2.0	100	4.5	0.77	68.6	10	同步和异步闭闸
4.10	20	20	3.0	100	4.5	0.66	40	10	同步和异步闭闸
4.11	20	20	2.0	100	4.5	0.57	40.7	10	同步和异步闭闸
4.12	20	15	2.0	100	4.5	0.93	38	10	同步和异步闭闸
4.13	20	20	2.0	60	4.5	0.46	41.6	10	同步和异步闭闸
4.14	20	20	2.0	240	4.5	1.84	32.4	10	同步和异步闭闸
4.15	20	20	2.0	100	5.0	0.67	38.2	10	同步和异步闭闸
4.16	20	20	2.0	300	4.5	2.3	29.6	10	同步和异步闭闸
4.17	20	20	2.0	180	4.5	1.38	35	10	同步和异步闭闸

（1）同步闭闸调控：闭闸时间为 15～120min，以 15min 为间隔。

（2）异步闭闸调控：根据水流传播时间设定下游节制闸延迟关闭时间；节制闸关闭时间为 15～120min，以 15min 为间隔设定 8 种典型方案。异步闭闸调控方式下的下游节制闸延迟关闭时间根据渠道内水流传播时间设定，其延迟关闭时间采用式（4.1）计算[138]。

$$\Delta\tau = \frac{L}{v+|\sqrt{gh}|} + K\frac{L}{v-|\sqrt{gh}|} \tag{4.1}$$

式中：$\Delta\tau$ 为下游节制闸延迟关闭时间，min；L 为渠道长度，m；v 为水流速度，m/s；g 为重力加速度，m/s²；h 为水深，m；K 为修订系数，设定为 0.1。

2. 同、异步闭闸方式下输水工程污染物输移扩散特征分析

对表 4.2 中的 17 种情景进行数值模拟，分别得到不同闭闸方式下污染物输移扩散规律。选取典型情景模拟结果进行分析，结果如图 4.2～图 4.4 所示。

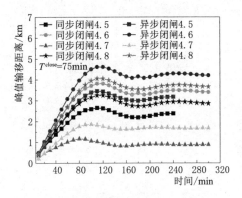

图 4.2 污染物峰值输移距离对比结果图

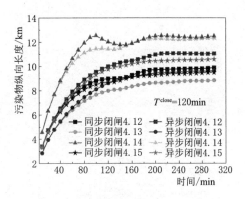

图 4.3 污染物纵向长度对比结果图

对比图 4.2～图 4.4 中污染物输移扩散变化过程可知，在相同模拟条件下，异步闭闸调控方式下的污染物峰值输移距离和纵向长度比同步闭闸调控方式下大，而污染物峰值浓度比同步闭闸调控方式下小；且无论是同步闭闸调控还是异步闭闸调控，污染物峰值输移距离、纵向长度随着传播时间呈增加趋势，超过一定数值后趋于稳定，峰值浓

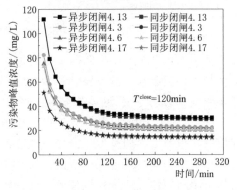

图 4.4 不同闭闸调控下污染物峰值浓度变化过程

度随传播时间呈衰减趋势，低于一定数值后趋于稳定。

为了进一步研究不同闭闸方式下输水工程污染物输移扩散规律，提取不同模拟工况下特征参数的稳定值以及稳定时对应的时间，结果如图 4.5～图4.7 所示。

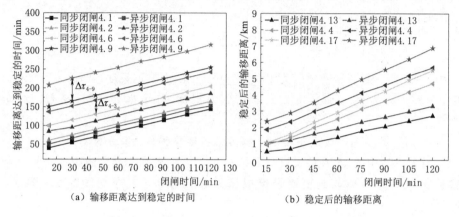

（a）输移距离达到稳定的时间　　　　（b）稳定后的输移距离

图 4.5　不同闭闸调控下的稳定峰值输移距离对比

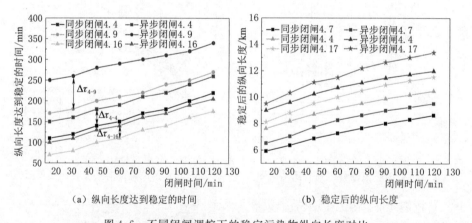

（a）纵向长度达到稳定的时间　　　　（b）稳定后的纵向长度

图 4.6　不同闭闸调控下的稳定污染物纵向长度对比

从图 4.5（a）、图 4.6（a）和图 4.7（a）中可以得到，异步闭闸调控方式下污染物特征参数（峰值输移距离、纵向长度、峰值浓度）达到稳定的时间比同步闭闸调控方式下污染物特征参数达到稳定的时间推迟 $\Delta\tau$ 时间。从图 4.5（b）、图 4.6（b）和图 4.7（b）中可得到，不同闭闸调控方式下，污染物峰值输移距离、纵向长度以及峰值浓度的稳定值不同：异步闭闸调控方式下峰值输移距离和纵向长度比同步闭闸调控方式下的峰值输移距离和纵向长度大，而异步闭闸调控方式下的峰值浓度比同步闭闸调控方式下的峰值浓度小。根据

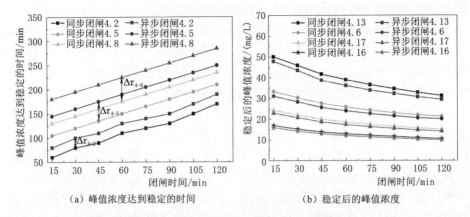

（a）峰值浓度达到稳定的时间　　　　　　（b）稳定后的峰值浓度

图4.7　不同闭闸调控下的稳定峰值浓度对比

不同闭闸调控方式污染物输移扩散规律，可得到：在明渠输水工程发生突发水污染事件后进行应急调控时，若以控制污染物范围为首要目标，采用同步闭闸调控方式更满足应急调控需求；若以降低污染物浓度为首要目标，采用异步闭闸调控方式更满足应急调控需求；可为突发水污染应急处置提供有力的信息支持。

不同工况下污染物特征参数稳定值变化规律如图4.5（b）、图4.6（b）和图4.7（b）所示。从图4.5（b）和图4.6（b）中可以看出，在相同的闭闸时间下，异步闭闸调控下的峰值输移距离稳定值与同步闭闸调控下稳定值的差值随流速的增加而增加，同样，纵向长度稳定值的差值也是增加的；并且下游节制闸延迟关闭时间越长，异步闭闸调控下的峰值输移距离稳定值和纵向长度稳定值与同步闭闸调控下的差值也就越大；因此污染物峰值输移距离和纵向长度与流速和下游节制闸延迟关闭时间有关，但是增加的程度与闭闸时间无关。图4.7（b）表明，在相同模拟工况下，异步闭闸调控方式下峰值浓度稳定值比同步闭闸调控下的稳定值小，但减小的程度与闭闸时间无关。对比统计分析数值模拟结果，得到不同闭闸调控方式下污染物输移扩散关系式如式（4.2）～式（4.4）所示：

$$D^1 = D + \frac{v\Delta\tau}{2} \tag{4.2}$$

$$W^1 = 0.8 \times (v \times \Delta\tau)^{0.05} W \tag{4.3}$$

$$C^1 = RC \tag{4.4}$$

式中：D^1、D 分别为异步闭闸和同步闭闸调控下峰值输移距离，m；v 为水流流速，m/s；$\Delta\tau$ 为下游节制闸延迟关闭时间，s；W^1、W 分别为异步闭闸和同步闭闸调控下污染物纵向长度，m；C^1、C 分别为异步闭闸和同步闭闸调控下污染物峰值浓度，mg/L；R 为修正系数，$R = 0.9 \sim 0.95$。

3. 闸门最优关闭方式确定

不同的闸门关闭方式有不同的优势，但是针对调水工程，如何对不同的闭闸调控方式的优劣做出客观、定量的综合评价，灰色白化权函数聚类分析方法为我们提供了一种途径。灰色白化权函数聚类主要用于检查观测对象是否属于事先设定的不同类别，以便区别对待。灰色白化权函数聚类又分为灰色变权聚类与灰色定权聚类两种方法，其中灰色变权聚类适合于指标的意义、量纲皆相同的情况；灰色定权聚类则适合于聚类指标的意义、量纲不同，并且不同指标的样本值在数量上相差较大的情况[139-140]。而层次分析法（AHP）的多级分层结构体系，将影响闭闸调控效果的多状态变量转换为单状态变量进行评估，使闭闸调控效果定位易于实现，同时能定量给出状态评估结果[141]。因此，本书将 AHP 与灰色聚类分析相结合，确定调水工程应急调控过程中闸门调控方式，并以南水北调中线京石段为例，验证了此方法在调水工程突发水污染事件应急调控过程中的科学有效性。

（1）模型构建。模型构建的具体思路是根据决策者的判断信息，利用层次分析法确定各指标的权重，然后利用白化权函数进行灰色聚类，最后根据综合聚类系数，判断适用于调水工程的闭闸调控方式。具体步骤如下。

1）利用 AHP 建立评估模型并确定各指标权重。建立指标的层次结构以后，需要根据各层次间、指标间的相对重要性赋予相应的权重。采用 Saaty 引用的 $1 \sim 9$ 标度方法[126]（表 2.4），对本层的指标以"相对重要性"的原则进行重要度赋值来建立判断矩阵 $\boldsymbol{A} = (a_{ij})_{n \times n}$[142-144]，其中 a_{ij} 满足以下条件：① $a_{ij} > 0$；② $a_{ii} = 1$；③ $a_{ij} = 1/a_{ji}$。

为了验证各指标权重的有效性，需要对判断矩阵 $\boldsymbol{A} = (a_{ij})_{n \times n}$ 按照式（4.5）进行一致性检验：

$$C.I = \frac{\lambda_{\max} - n}{n - 1}; C.R = \frac{C.I}{R.I} \tag{4.5}$$

式中：$\lambda_{\max}$ 为矩阵 $\boldsymbol{A} = (a_{ij})_{n \times n}$ 的最大特征根；n 为矩阵阶数；$R.I.$ 为平均随机一致性指标，其取值见表 2.5。

当 $C.R < 0.1$ 时，建立的判断矩阵有效，否则需要重新建立判断矩阵，直到 $C.R < 0.1$。判断矩阵建立后，采用和法原理求其权重：

$$\eta_i = \frac{1}{n} \sum_{j=1}^{n} \left(a_{ij} / \sum_{k=1}^{n} a_{kj} \right) \tag{4.6}$$

式中：a_{kj} 为第 j 列中的元素。

2）确定各灰类的三角白化权函数 f_{jk}[145-148]。

a. 按照评估要求所需划分的灰类数 s，将各个指标的取值范围也相应地划

分为 s 个灰类。如将 j 指标的取值范围 $[a_1, a_{s+1}]$ 划分为 s 个区间：$[a_1, a_2], \cdots, [a_{k-1}, a_k], \cdots, [a_{s-1}, a_s], [a_s, a_{s+1}]$，其中 $a_k(k=1,2,\cdots,s,s+1)$ 的值一般可根据实际情况的要求或定性的研究来确定。

b. 令 $\lambda_k = (a_k + a_{k+1})/2$ 属于第 k 个灰类的白化权函数值为1，连接 $(\lambda_k, 1)$ 与第 $k-1$ 个灰类起点 a_{k-1} 和第 $k+1$ 个灰类的终点 a_{k+2}，得到 j 指标关于 k 灰类的三角白化权函数 f_{jk}，$j=1,2,\cdots,m$；$k=1,2,\cdots,s$。对于 f_{j1} 和 f_{js}，可分别将 j 指标取数域向左右延拓到 a_0，a_{s+2}。对于指标 j 的一个观测值 x，可由式（4.7）计算出其属于的灰类 k 的隶属度 $f_j^k(x)$。

$$f_j^k(x) = \begin{cases} 0, & x \notin [a_{k-1}, a_{k+2}] \\ (x - a_{k-1})/(\lambda_k - a_{k-1}), & x \in [a_{k-1}, \lambda_k] \\ (a_{k+2} - x)/(a_{k+2} - \lambda_k), & x \in [\lambda_k, a_{k+2}] \end{cases} \tag{4.7}$$

c. 计算对象 $i(i=1,2,\cdots,n)$ 关于灰类 k 的综合聚类系数 σ_i^k：

$$\sigma_i^k = \sum_{j=1}^{m} f_j^k(x_{ij})\eta_j \tag{4.8}$$

式中：$f_j^k(x_{ij})$ 为 j 指标子类白化权函数；η_j 为指标 j 在综合聚类中的权重。

d. 由 $\max\limits_{1 \leqslant k \leqslant s}\{\sigma_i^k\} = \sigma_i^{k*}$，判断对象 i 属于灰类 k^*；当有多个对象同属于 k^* 灰类时，还可进一步根据综合聚类系数的大小确定同属 k^* 灰类各对象的优劣或位次。

（2）调水工程闸门最优关闭方式。

1）闭闸调控评估体系的确定。根据文献调研可知，闭闸调控方式分为同步闭闸调控、异步闭闸之"上游先关闭"和异步闭闸之"下游先关闭"3种方法，将其设为聚类对象，取调控时间、调控后污染范围、调控后污染物浓度、调控成本、操作难易程度及调控时工程安全问题为指标；按照好、较好、差三类进行分类。每个聚类对象关于各聚类指标的观测值矩阵为 $X = (x_{ij})_{3\times5}$，应急决策者需要根据观测值 x_{ij} 对相应的调控方式进行评估、判断，确定所属灰类，从而确定闭闸调控方式。影响闸门调控效果的因素很多，而且各因素的影响程度各不相同，因此，指标的选取原则能直观地反映闸门调控效果。为了满足闭闸调控方式评估的需要，本书所建立的评估体系如图4.8所示。

将各个指标得分转化为百分制，分为好、较好和差3个灰类，通过对各项指标进行专家调查，得到闭闸调控评估判断矩阵

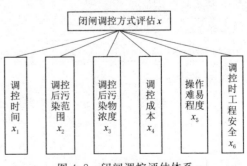

图4.8　闭闸调控评估体系

A[式（4.9）]，通过和法对矩阵 A 进行求解得到调控时间、调控后污染范围、调控后污染物浓度、调控成本、操作难易程度及调控时工程安全问题的权重分别为 0.3536、0.0636、0.1944、0.1645、0.1201、0.1038。

$$A = \begin{bmatrix} 1 & 4 & 2 & 3 & 3 & 3 \\ 1/4 & 1 & 1/3 & 1/3 & 1/2 & 1/2 \\ 1/2 & 3 & 1 & 1 & 2 & 2 \\ 1/3 & 3 & 1 & 1 & 1 & 2 \\ 1/3 & 2 & 1/2 & 1 & 1 & 1 \\ 1/3 & 2 & 1/2 & 1/2 & 1 & 1 \end{bmatrix} \qquad (4.9)$$

2）评价矩阵的建立。本章假设调水工程发生突发水污染事件，事件发生后闸门进行紧急调控，对这 3 种闭闸调控方式进行评价研究，评分标准见表 4.3；其各指标实现值见表 4.4。

表 4.3 各 指 标 评 分 标 准

指标	100 分	70 分	40 分
调控时间	调控需要很短时间	调控需要一段时间	调控需要很长时间
调控后污染范围 W	$W \leqslant 5\text{km}$	$5\text{km} < W \leqslant 10\text{km}$	$W > 10\text{km}$
调控后污染物浓度 C	$C \leqslant$ 原浓度的 10%	原浓度的 10% $< C \leqslant$ 原浓度的 30%	$C \geqslant$ 原浓度的 30%
操作难易程度	非常容易	比较容易	非常困难
调控成本	低成本	中成本	高成本
调控时工程安全	工程基本没有受到破坏	工程受到一定破坏	工程受到严重破坏

表 4.4 闭闸调控评估各指标实现值

指标	同步闭闸调控	异步闭闸之"上游先关闭"	异步闭闸之"下游先关闭"
调控时间	80	68	60
调控后污染范围	88	70	75
调控后污染物浓度	75	88	82
调控成本	82	75	70
操作难易程度	92	85	80
调控时工程安全	76	84	88

样本矩阵 $E = (x_{ij})_{3 \times 6}$ 为

$$E = \begin{bmatrix} 80 & 88 & 75 & 82 & 92 & 76 \\ 68 & 70 & 88 & 75 & 85 & 84 \\ 60 & 75 & 82 & 70 & 80 & 88 \end{bmatrix} \qquad (4.10)$$

3）三角白化权函数的建立。将闭闸调控方式按照好、较好、差三类进行分类（其划分标准见表4.5），取 $a_1=55$、$a_2=65$、$a_3=75$、$a_4=85$ 分别表示指标 $j(j=1,2,\cdots,6)$ 属于好、较好、差 3 个灰类的中心值，考虑实际情况，指标数域的延拓值 $a_0=40$、$a_5=100$，而 $\lambda_1=60$、$\lambda_2=70$、$\lambda_3=80$；采用式 (4.7)，可得三角白化权函数为

$$f_j^1(x)=\begin{cases}0, & x\notin[40,75]\\(x-40)/(60-40), & x\in[40,60]\\(75-x)/(75-60), & x\in[60,75]\end{cases} \qquad (4.11)$$

$$f_j^2(x)=\begin{cases}0, & x\notin[55,85]\\(x-55)/(70-55), & x\in[55,70]\\(85-x)/(85-70), & x\in[70,85]\end{cases} \qquad (4.12)$$

$$f_j^3(x)=\begin{cases}0, & x\notin[65,100]\\(x-65)/(80-65), & x\in[65,80]\\(100-x)/(100-80), & x\in[80,100]\end{cases} \qquad (4.13)$$

表 4.5　　　　　　　　　　　各项指标等级划分标准

等级	差	较好	好
分数	$65>X^1\geqslant55$	$75>X^2\geqslant65$	$85\geqslant X^3\geqslant75$

　　4）计算各指标综合聚类系数 σ_i^k。聚类系数的大小是衡量聚类对象属于某一灰类的标准，设 σ_i^k 为聚类对象 i 关于 k 灰类的聚类系数，其计算公式为式 (4.8)，可计算各指标综合聚类系数，见表 4.6。

表 4.6　　　　　　　　　闸门调控 2 个方式综合聚类评价结果

调控方案	差	较好	好	σ_i^k	聚类结果
同步闭闸调控	0	0.3426	0.7936	0.7936	好
异步闭闸之"上游先关闭"	0.2569	0.5026	0.4913	0.5026	较好
异步闭闸之"下游先关闭"	0.4721	0.4036	0.4546	0.4721	差

　　从表 4.6 中可以看出，在调水工程中，同步闭闸调控属于"好"灰类，异步闭闸之"上游先关闭"属于"较好"灰类，而异步闭闸之"下游先关闭"属于"差"灰类，说明在应急调控中需同时关闭上下游节制闸。从实际情况来看，对于多渠段的明渠输水工程，异步闭闸调控方式操作复杂，越往下游闸门延迟关闭时间越长，导致闭闸调控的总时间过长，且事件渠段下游闸门的延迟关闭不利于污染物控制；并且同步闭闸调控较异步闭闸调控更能有效控制污染范围。因此，在长距离明渠输水工程应急调控过程中，选取同步闭闸方式更为合理。

4.2　闸门调控下污染物输移扩散规律研究

近年来，国内外学者对污染物输移扩散已有一些研究[118,149-150]，这些研究主要是针对于正常输水情况下污染物输移扩散特征，很少关注闸门调控过程中污染物的变化规律。基于上述结论得知闸门最优关闭方式为同步闭闸，因此，本节模拟了同步闭闸调控方式下污染物进入水体后随传播时间变化的输移扩散过程。同步闭闸阶段内由于上下游节制闸同时关闭，闸门开度减小，这样必然会使渠道中流量发生变化，流量的改变会引起水位波动，使上游节制闸后产生一个向下游传播的跌水顺波，同理，在下游节制闸前会形成一个向上游传播的涨水逆波，这样两种波在渠段内来回震荡，使渠道内水流剧烈运动，这时闸下水流可视为非恒定流。本节对比分析污染物在不同渠道几何尺寸和水力条件下，不同传播时间和不同闭闸时间下污染物峰值输移距离、污染物纵向长度以及峰值浓度的变化规律，推导出适用于调水工程中闸控下污染物快速识别公式。

4.2.1　闸门调控下污染物输移扩散模拟情景

1. 不同渠道几何尺寸、水力条件和闸门关闭时间下模拟情景设置

闸门调控下污染物输移扩散研究主要是在不同闭闸时间下，分别对不同的渠道长度、底宽、边坡、底坡、流量、水深以及污染物投放量在不同闭闸时间下污染物输移扩散进行模拟，设置444种模拟方案，具体如下。

（1）不同渠道长度下污染物输移扩散模拟。渠道长度分别取15km、20km、25km和30km，污染物的投放量均为10t，其他参数设置见表3.2；对每一个渠道长度分别按表4.7所列方案进行模拟，总共有48种方案。

（2）不同渠道底宽下污染物输移扩散模拟。渠道底宽分别取15m、20m、25m和30m，污染物的投放量均为10t，其他参数设置见表3.3；对每一个渠道底宽分别按表4.7所列方案进行模拟，总共有48种方案。

（3）不同渠道边坡下污染物输移扩散模拟。渠道边坡分别取1.5、2.0、2.5和3.0，污染物的投放量均为10t，其他参数设置见表3.4；对每一个渠道边坡分别按表4.7所列方案进行模拟，总共有48种方案。

（4）不同渠道底坡下污染物输移扩散模拟。渠道底坡分别取1/15000、1/20000、1/25000和1/30000，污染物的投放量均为10t，其他参数设置见表3.5；对每一个渠道底坡分别按表4.7所列方案进行模拟，总共有48种方案。

（5）不同流量下污染物输移扩散模拟。渠道内流量分别为100m³/s、150m³/s、200m³/s和300m³/s，污染物的投放量均为10t，其他参数设置见表

3.6；对每种流量分别按表4.7所列方案进行模拟，总共有48种方案。

（6）不同水深下污染物输移扩散模拟。渠道内水深分别为4.5m、5.0m、6.0m、7.0m和8.0m，污染物的投放量均为10t，其他参数设置见表3.7；对每一个水深分别按表4.7所列方案进行模拟，总共有60种方案。

（7）不同投放量下污染物输移扩散模拟。其中污染物投放量模拟变化范围为1kg~600t，具体见表3.8；对每一个水深分别按表4.7所列方案进行模拟，总共有144种方案。

表4.7　　　　　　　　　　不同闸门关闭时间

方案	1	2	3	4	5	6	7	8	9	10	11	12
闭闸时间/min	15	30	45	60	75	90	105	120	135	150	165	180

2. 数模验证情景

建立不同于典型渠道尺寸和水力条件的验证工况，验证每个参数快速量化公式是否合理；验证工况渠道基本参数见表4.8，污染物特征参数见表4.9，闸门关闭时间见表4.10。

表4.8　　　　　　　　　　验证工况渠道基本参数

验证工况	渠道长度/km	底宽/m	水深/m	边坡	底坡	流量/(m³/s)
4.18	60	40	8.0	3.5	1/25000	350
4.19	48	20	7.0	1.5	1/18000	230
4.20	18	28	6.5	2.3	1/23000	190
4.21	27	16	4.0	1.9	1/27000	130
4.22	42	33	6.0	2.5	1/24000	150

表4.9　　　　　　　　　　验证工况污染物特征参数

验证工况	调控前离散系数/(m²/s)	汇入位置	汇入总量/t	汇入方式	调控阶段离散系数	是否考虑生化反应
4.18	10	上游闸后	30	瞬时投入	软件计算	否
4.19	20	上游闸后	50	瞬时投入	软件计算	否
4.20	30	上游闸后	120	瞬时投入	软件计算	否
4.21	40	上游闸后	160	瞬时投入	软件计算	否
4.22	50	上游闸后	90	瞬时投入	软件计算	否

表4.10　　　　　　　　　　验证工况闸门关闭时间

方案	1	2	3	4	5	6	7	8
闭闸时间/min	15	30	45	60	75	90	105	120

表 4.9 中调控阶段离散系数采用 HEC - RAS 软件计算结果，其中 HEC - RAS 软件中离散系数采用的公式是 Fischer[151] 经验公式 （4.14）。

$$D_{\mathrm{L}} = 0.011 \frac{v^2 B^2}{h \sqrt{ghi}} \tag{4.14}$$

式中：D_{L} 为纵向离散系数，m^2/s；v 为渠道内水流速度，$\mathrm{m/s}$；B 为河道平均宽度，m；h 为渠道内水深，m；g 为重力加速度，$\mathrm{m/s}^2$；i 为渠道底坡。

4.2.2　闸门调控下污染物输移扩散规律研究

1. 闸门控制下峰值输移距离变化规律

通过对闸门调控下设置的 444 种方案进行一维数值模拟，针对渠道尺寸和渠道内水力条件以及污染物的参数，统计分析数值模拟结果，分别取模拟情景 3.1、情景 3.5 和情景 3.22 在不同闭闸时间下的数值模拟结果，如图 4.9～图 4.11 所示，其中这 3 种情景的水波传播时间 T^b 分别为 34.2min、45min、38.2min；从图 4.9 （a）～图 4.11 （a）中可知闭闸时间小于 1 倍的水波传播时间 T^b 时，污染物浓度峰值输移距离 D 在闭闸结束时趋于稳定，并且峰值输移距离与时间呈正比关系；从图 4.9 （b）～图 4.11 （b）中可知闭闸时间大于 1 倍 T^b 时，D 在闭闸结束后 2 倍的 T^b 后趋于稳定，并且在闭闸时间内峰值输移距离与时间呈正比关系，在 $2T^b$ 时间内，D 与传播时间呈对数关系；因此在闸门调控下污染物峰值输移距离分两种情况研究：①闭闸时间小于 1 倍水波传播时间；②闭闸时间大于 1 倍水波传播时间。

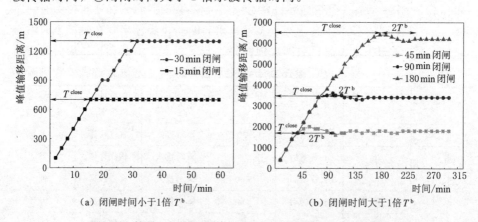

（a）闭闸时间小于 1 倍 T^b　　　　　（b）闭闸时间大于 1 倍 T^b

图 4.9　情景 3.1 在不同闭闸时间下峰值输移距离变化规律

2. 闸门控制下污染物纵向长度变化规律

为了更准确地研究闸门控制下污染物纵向长度变化规律，首先分析污染物纵向长度随时间的变化过程，如图 4.12 所示。从图中可看出，污染物纵向长

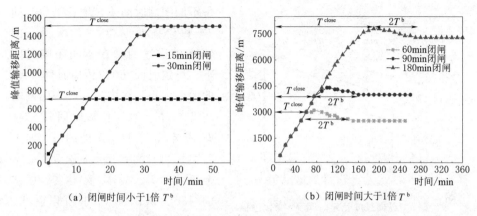

（a）闭闸时间小于1倍 T^b 　　　　（b）闭闸时间大于1倍 T^b

图 4.10　情景 3.5 在不同闭闸时间下峰值输移距离变化规律

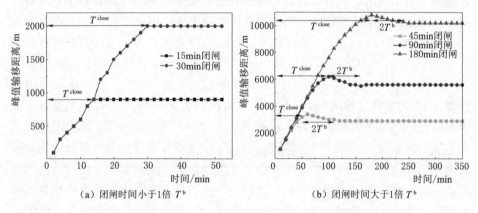

（a）闭闸时间小于1倍 T^b 　　　　（b）闭闸时间大于1倍 T^b

图 4.11　情景 3.22 在不同闭闸时间下峰值输移距离变化规律

度随时间呈增加的趋势，但是达到一定时间后逐步趋于稳定。因此为了便于研究，将闸控下整个污染物纵向长度变化过程分为 3 个阶段，即增长阶段、过渡阶段和稳定阶段。其中增长阶段与过渡阶段的转折点对应的时间为增长结束时间，记为 T^g；而过渡阶段与稳定阶段转折点对应的时间为稳定时间，记为 T^s。

为了进一步确定这两个时间节点内污染物纵向长度的变化规律，对不同水波传播时间下的 T^g 和 T^s 进行统计分析，其结果见表 4.11 和图 4.13。其中表 4.11 中描述的

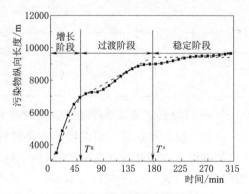

图 4.12　纵向长度变化过程

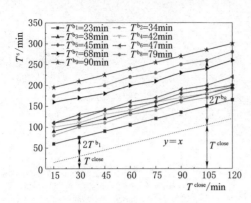

图 4.13　纵向长度稳定时间 T^s 变化过程

是不同闭闸时间下，增长结束时间 T^g 和传播时间 T^{close} 的关系；图 4.13 中描述的是在不同闭闸时间下，稳定时间 T^s 与传播时间 T^{close} 的关系。表 4.11 中显示，当闭闸时间 T^{close} 小于水波传播时间 T^b 时，T^g 基本上等于 0.5 倍的 T^b 加上 T^{close}；当 $T^{close} > T^b$ 时，T^g 基本上等于 T^{close}，其表达式为式（4.15）。从图 4.13 中可以看出，在不同模拟情境下，纵向长度稳定时间基本是平行的，并且通过统计分析得出，稳定时间 T^s 基本上等于闭闸时间 T^{close} 加上 2 倍的传播时间 T^b，其表达式为式（4.16）。

$$T^g(T^b) = \begin{cases} T^{close} + 0.5T^b, & T^{close} \leqslant T^b \\ T^{close}, & T^{close} > T^b \end{cases} \tag{4.15}$$

$$T^s = T^{close} + 2T^b \tag{4.16}$$

式中：T^b 为水波传播时间，min；T^{close} 为闸门关闭时间，min；T^g 为增长结束时间，min；T^s 为稳定时间，min。

表 4.11　　　　　　　　　　不同模拟情景下 T^g 值

T^{close} /min	T^b/min						
	23	34	45	57	68	79	90
15	30	35	40	50	50	55	60
30	40	50	50	60	65	70	80
45	45	50	65	75	80	80	90
60	60	60	60	60	95	100	100
75	75	75	80	80	80	115	120
90	90	90	90	90	90	95	135
105	105	105	105	105	105	110	110
120	120	120	120	120	120	120	120

3. 闸门控制下污染物峰值浓度变化规律

分析污染物峰值浓度随时间的变化过程，如图 4.14 所示。从图中可看出，污染物峰值浓度随时间呈衰减的趋势，但是达到一定时间后逐步趋于稳定，这个变化趋势与纵向长度相反，满足质量守恒定律。对应于纵向长度的 3 个阶段，可将闸控下整个峰值浓度变化过程分为 3 个阶段，即衰减阶段、过渡阶段和稳定阶段。其中衰减阶段与过渡阶段的转折点对应的时间为衰减结束时间，记为 T^b；而过渡阶段与稳定阶段转折点对应的时间为稳定时间，记为 T^s。对不同水波传播时间下的 T^b 和 T^s 进行统计分析，其结果见表 4.12 和图 4.15。其中表 4.12 中描述的是不同闭闸时间下，衰减结束时间和传播时间的关系；图 4.15 中描述的是在不同闭闸时间下，稳定时间与传播时间的关系。从图 4.15 和表 4.12 中可看出，峰值浓度变化过程中，T^b 和 T^s 的变化规律与纵向长度中 T^g 和 T^s 的变化规律一致，因此峰值浓度中 T^b 和 T^s 的表达式仍为式（4.15）和式（4.16）。

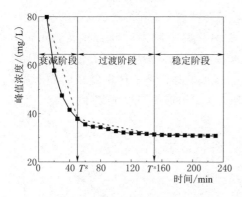

图 4.14　峰值浓度变化过程　　　　图 4.15　峰值浓度稳定时间 T^s 变化过程

表 4.12　　　　　　　　不同模拟情景下 T^b 值

T^{close} /min	T^b/min						
	23	34	45	57	68	79	90
15	30	30	40	45	50	55	60
30	40	45	50	60	65	70	80
45	50	50	70	75	80	80	90
60	60	60	60	60	90	100	100
75	70	80	80	80	80	115	120
90	90	90	90	90	90	95	135
105	100	100	100	110	110	110	110
120	120	120	120	120	120	120	120

4.3　闸门调控下污染物快速识别研究

4.3.1　闸控下污染物快速识别公式确定

　　在实际工程中，一旦发生突发水污染事件，如何快速有效地控制污染物扩散是至关重要的。此时需要根据有限的信息确定污染物扩散位置及范围,因此确定污染物快速识别公式是必不可少的。第 3 章中已经提出污染物的 3 个特征参数:污染物峰值输移距离、污染物峰值浓度和污染物纵向长度。因此本节中需要根据闸门调控下污染物输移扩散规律,结合渠道几何条件、水动力参数、水质参数等因素,量化特征参数。

1. 闸门控制下峰值输移距离量化

已知闸门调控下污染物峰值输移距离变化规律分两种情况研究:①闭闸时间小于 1 倍水波传播时间;②闭闸时间大于 1 倍水波传播时间。

(1)闭闸时间小于 1 倍水波传播时间。已知情景 2.1 和情景 2.5 中的水波传播时间位于 34～45min 之间,因此取这 2 种方案中闭闸时间分别为 15min、30min 的数据,对其统计分析,结果如图 4.16 所示,从图中可以看出,当闭闸时间 T^{close} 小于 1 倍的水波传播时间 T^b 时,峰值输移距离在闭闸结束时趋于稳定,并且在闭闸时间内峰值输移距离值近似等于渠道流速与时间的乘积。

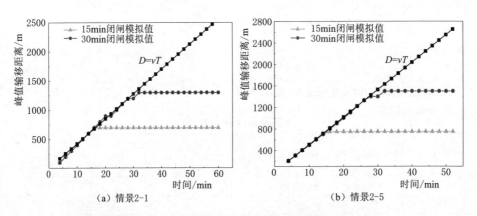

(a)情景2-1   (b)情景2-5

图 4.16 $T^{close} < T^b$ 下峰值输移距离与传播时间的关系

为了进一步确定结论的合理性,本节提取不同流速和不同闭闸时间下的峰值输移距离值,绘制其对比结果如图 4.17 所示。由图可知,峰值输移距离与闭闸时间呈线性关系,并且在同一闭闸时间下,峰值输移距离随流速的增加而增加,因此峰值输移距离与流速和闭闸时间呈正比关系。

(2)闭闸时间大于 1 倍水波传

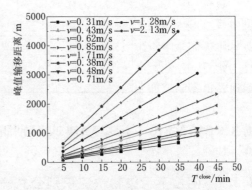

图 4.17 不同流速和不同闭闸时间下峰值输移距离变化图

播时间。在这个阶段内峰值输移距离不仅受到闭闸时所引起的输水流速变化的影响，还会受到闭闸时所引起的水流往复运动的影响。因此，同步闭闸阶段内峰值输移距离由两部分组成：一部分是单独考虑输水流速变化作用下，峰值输移距离 D^M；另一部分是单独考虑水流往复运动作用下，峰值输移距离 D^F。

1）只考虑输水流速变化下峰值输移距离 D^M。通过模拟污染物在不同渠道尺寸、不同输水流速下的输移扩散过程，探究峰值输移距离 D^M 与渠道尺寸以及渠道内输水流速之间的规律。

当水流为非恒定流时，对不同渠段长度下污染物峰值输移扩散过程的模拟，可以得到峰值的输移距离与污染物在恒定流下只考虑水流变化时峰值输移距离是一致的，由于闸门关闭是呈线性关闭的，水流速度是呈线性从 v 变化到 0，所以在整个关闭过程中取水流速度为平均流速。因此只考虑水流速度变化下的峰值输移距离 D^M 近似认为等于渠道流速与闭闸时间乘积的一半。

2）单独考虑水流往复作用下峰值输移距离 D^F。对单独考虑水流往复作用下的 D^F 进行研究，结果如图 4.18～图 4.21 所示。

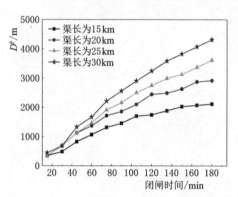

图 4.18 不同渠长下 D^F 变化图

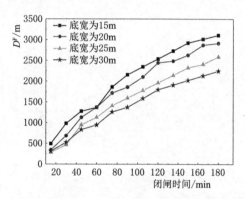

图 4.19 不同底宽下 D^F 变化图

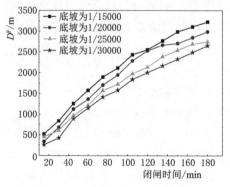

图 4.20 不同底坡下 D^F 变化图

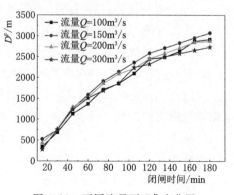

图 4.21 不同流量下 D^F 变化图

从图 4.18～图 4.21 中可以看出，峰值输移距离 D^F 与闭闸时间 T^{close} 之间成正比关系，同时渠道几何尺寸、渠道内流量和水深对峰值输移距离 D^F 都有影响；通过数据统计分析得到当闭闸时间 T^{close} 大于 1 倍水波传播时间 T^b 时，污染物峰值输移距离 D^F 随闭闸时间 T^{close} 呈对数增加。

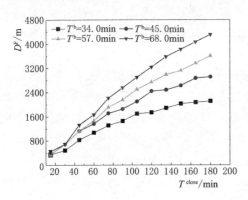

图 4.22　不同 T^{close} 和 T^b 下 D^F 的变化图

为了进一步确定 D^F 与 T^b 的关系，本节提取不同 T^{close} 和 T^b 下峰值输移距离 D^F 值，绘制其对比结果见图 4.22。

从图 4.22 中可看出，D^F 与 T^{close} 呈正比关系，并且在相同闭闸时间下，T^b 越大，D^F 越长。通过对大量的模拟数据进行统计分析，最终得到闸门控制下稳定后峰值输移距离 SD 与流速、T^{close}、T^b 有关，其数学表达式为

$$SD = \begin{cases} vT^{close}, & T^{close} < T^b \\ D^M + D^F, & T^{close} \geqslant T^b \end{cases} \tag{4.17}$$

$$D^M = \frac{1}{2} vT^{close} \tag{4.18}$$

$$D^F = 9.8 \left[\left(\frac{T^b}{60} \right)^{\frac{4}{3}} \ln \left(\frac{T^{close}}{60} \right) - \left(\frac{T^b}{60} \right)^{\frac{8}{5}} \right] \tag{4.19}$$

式中：SD 为稳定后峰值输移距离，m；T^{close} 为应急调控时间，s；T^b 为水波传播时间，s。

2. 闸门控制下纵向长度量化

为了便于研究，前节中已经将闸控下整个污染物纵向长度变化过程简化为三个阶段（图 4.12），即增长阶段、过渡阶段和稳定阶段，并且每个阶段纵向长度的变化近似认为是线性变化。因此，只需确定增长结束时污染物纵向长度 GW 和稳定后的污染物纵向长度 SW。

通过对设定模拟方案进行一维数值模拟，针对渠道尺寸和渠道内水力条件以及污染物的参数，统计分析数值模拟结果，结果如图 4.23～图 4.28 所示。

从图 4.23～图 4.28 中看出，在闭闸调控阶段，污染物纵向长度随闭闸时间的延长而增加，并且在同一闭闸时间下，污染物纵向长度随渠道长度、底宽、渠道内流量以及污染物投放量的增加而增加，但是随渠道水深增加而减小。

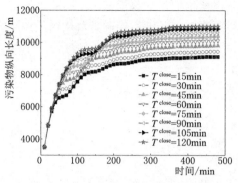

图 4.23 不同闭闸时间下 W 值变化图

图 4.24 不同渠长下 W 值变化图

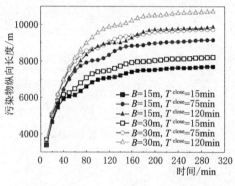

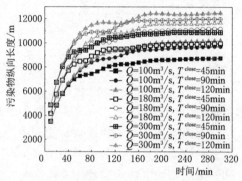

图 4.25 不同底宽在闭闸阶段 W 值变化图

图 4.26 不同流量在闭闸阶段 W 值变化图

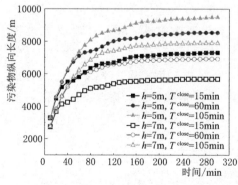

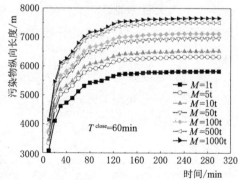

图 4.27 不同水深在闭闸阶段 W 值变化图 图 4.28 不同量投放物在闭闸阶段 W 值变化图

　　已知污染物纵向长度在闭闸结束后的 2 倍水波传播时间后基本保持不变，因此认为稳定后的污染物纵向长度与水波传播时间有关。从图 4.28 可以看出，污染物纵向长度随投放量的增加而增加，但是增加量在逐渐减小，因此提取不同水波传播时间和闭闸时间下稳定后的污染物纵向长度，绘制其对比结果如图 4.29 所示，提取不同投放量下稳定后的污染物纵向长度，绘制其对比结果如图 4.30 所示。

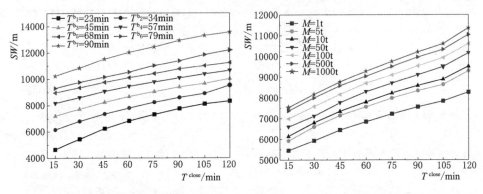

图 4.29　不同 T^{b} 下稳定后的 W 变化图　　图 4.30　不同量投放物下稳定后的 W 变化图

由图 4.29 和图 4.30 可以看出，稳定后的纵向长度与污染物投放量及水波传播时间呈正比关系，并且稳定后的纵向长度与闭闸时间基本上呈线性关系。结合上面所述，污染物纵向长度与闸门关闭时间、渠道几何尺寸、渠道水深、渠道内流量以及污染物投放量有关，因此通过对数值模拟结果的统计分析可知，闸门调控下稳定后的污染物纵向长度 SW 满足如下公式：

$$SW = p^{0.04} \left[\frac{LhD_{L}T^{close}}{25QT^{b}} + 15T^{b}v \left(\frac{D_{L}}{hv} \right)^{-0.6} \right] \tag{4.20}$$

式中：p 为无量纲系数，$p = M/10t$；h 为水深，m；v 为流速，m/s；D_{L} 为离散系数，m²/s；L 为渠道长度，m；Q 为渠道内流量，m³/s；T^{b} 为水波传播时间，s；T^{close} 为闭闸时间，s。

通过对比分析可知，增长结束时污染物纵向长度 GW 与稳定后的纵向长度 SW 存在一定比例关系，定义 q 为 GW 与 SW 的比值，提取不同模拟情景下 q 值，见表 4.13。

表 4.13　　　　　　　　　　　不同模拟情景下 q 值

T^{close} /min	T^{b}/min				
	23	34	45	57	68
15	0.922	0.842	0.819	0.777	0.773
30	0.937	0.882	0.861	0.825	0.808
45	0.957	0.871	0.887	0.833	0.835

续表

T^{close} /min	T^b/min				
	23	34	45	57	68
60	0.976	0.906	0.866	0.835	0.837
75	0.981	0.923	0.893	0.844	0.830
90	0.982	0.938	0.913	0.870	0.841
105	0.985	0.949	0.928	0.884	0.860
120	0.991	0.966	0.932	0.897	0.876

由表 4.13 可知，比值 q 随 T^{close} 的增加而增加，但是 q 随 T^b 的增加而减小，因此通过拟合可得到 q 的表达式为：

$$q = \frac{GW}{SW} = 0.9\left(\frac{T^{\text{close}}}{T^b}\right)^{0.1} \tag{4.21}$$

因此，整个闭闸调控阶段污染物纵向长度的数学表达式为

$$W = \begin{cases} \dfrac{q \times SW \times T}{T^g}, & T \leqslant T^g \\ \dfrac{SW \times [(1-q)T + qT^s - T^g]}{T^s - T^g}, & T^g < T \leqslant T^s \\ SW, & T > T^s \end{cases} \tag{4.22}$$

3. 闸门控制下峰值浓度量化

前文已经将闸控下整个污染物峰值浓度变化过程简化为 3 个阶段（图 4.14），即衰减阶段、过渡阶段和稳定阶段，并且每个阶段峰值浓度的变化近似认为是线性变化。因此，只需确定衰减结束时污染物峰值浓度 AC 和稳定后的污染物峰值浓度 SC。

通过对设定模拟方案进行一维数值模拟，针对渠道尺寸和渠道内水力条件以及污染物的参数，统计分析数值模拟结果，结果如图 4.31～图 4.36 所示。

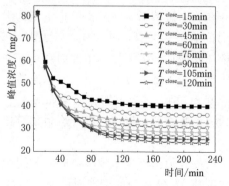

图 4.31 不同闭闸时间下峰值浓度变化图

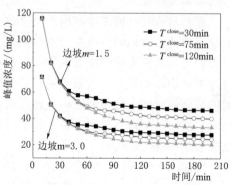

图 4.32 边坡变化下峰值浓度变化图

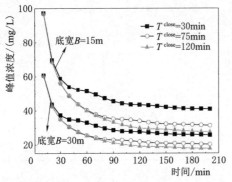

图 4.33　底宽变化下峰值浓度变化图

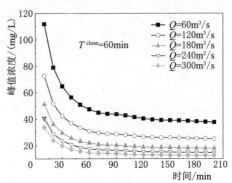

图 4.34　流量变化下峰值浓度变化图

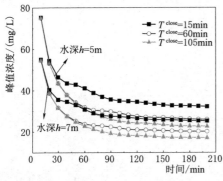

图 4.35　水深变化下峰值浓度变化图

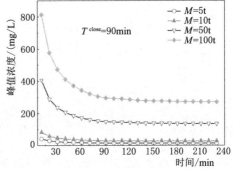

图 4.36　不同投放量下峰值浓度变化图

从图 4.31～图 4.36 中看出，在闭闸调控阶段，其他条件不变的情况下，峰值浓度随闭闸时间的增加逐渐降低，并且在同一闭闸时间下，污染物峰值浓度随渠道长度、底宽、渠道内流量以及水深的增加而减小，但是随污染物投放量的增加而增加。

已知污染物峰值浓度在闭闸结束后的 2 倍水波传播时间基本保持不变，因此稳定后的污染物峰值浓度与水波传播时间有关。并且，从图 4.34 和图 4.36 可以看出，污染物峰值浓度随投放量的增加而增加，随流量的增加而减小，并且增加量和减小量与投放量和流量的变化有一定关系，因此提取不同水波传播时间和闭闸时间下稳定后的污染物峰值浓度 SC 值，绘制其对比结果如图 4.37 所示，提取不同投放量和流量下稳定后的污染物峰值浓度 SC 值，绘制其对比结果如图 4.38 所示。

由图 4.37 和图 4.38 可以看出，稳定后的峰值浓度随水波传播时间和闭闸时间的增加而减小，并且稳定后的峰值浓度随 M/Q 比值的增加而增加。结合

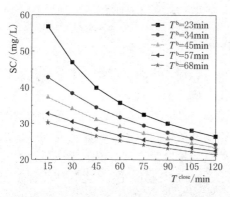

图 4.37 不同 T^{b} 下稳定后 C 变化图

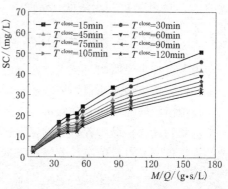

图 4.38 不同 M/Q 下稳定后 C 变化图

上面所述，污染物峰值浓度与闸门关闭时间、渠道几何尺寸、渠道水深、渠道内流量以及污染物投放量有关，因此通过对数值模拟结果的统计分析可知，闸门调控下稳定后的污染物纵向长度 SC 满足如下公式：

$$SC = 0.3\left(\frac{vT^{\mathrm{b}}}{L}\right)^{0.3}\frac{Mv}{Q\sqrt{D_L(T^{\mathrm{close}}+T^{\mathrm{b}})}} \qquad (4.23)$$

式中：M 为污染物投放量，g。

假设污染物投放量为 M，根据质量守恒定律可知，任意时刻污染物的浓度变化都会满足式（4.24）：

$$M = A_iW_iC_i \qquad (4.24)$$

式中：A_i 为渠道断面面积，m^2；W_i 为污染物纵向长度，m；C_i 为污染物峰值浓度，mg/L。

根据式（4.24）可推出：

$$M = A_{\mathrm{s}}(SW)(SC) = A_{\mathrm{g}}(GW)(AC) \qquad (4.25)$$

由于在闭闸调控阶段，尽量会将污染物控制在事件渠段以减小其影响范围，因此，渠道的断面尺寸基本认为不变。将式（4.21）代入式（4.25）中，可得到

$$AC = SC \times 1.1\left(\frac{T^{\mathrm{b}}}{T^{\mathrm{close}}}\right)^{0.1} \qquad (4.26)$$

$$k = \frac{AC}{SC} = 1.1\left(\frac{T^{\mathrm{b}}}{T^{\mathrm{close}}}\right)^{0.1} \qquad (4.27)$$

因此，整个闭闸调控阶段污染物峰值浓度的数学表达式为

$$C = \begin{cases} C_0 - \dfrac{C_0 - k \times SC}{T^{\mathrm{g}}} \times T, & T \leqslant T^{\mathrm{g}} \\[2mm] \dfrac{SC \times (k \times T^{\mathrm{s}} - T^{\mathrm{g}}) - (k-1) \times SC \times T}{T^{\mathrm{s}} - T^{\mathrm{g}}}, & T^{\mathrm{g}} < T \leqslant T^{\mathrm{s}} \\[2mm] SC, & T > T^{\mathrm{s}} \end{cases} \qquad (4.28)$$

式中：C_0 为污染物初始浓度；mg/L；k 为 AC 与 SC 的比值。

4.3.2 闸控下污染物快速识别公式验证

为了进一步说明闸门调控下污染物快速识别公式的合理性，本节采用数值模拟手段对污染物快速识别公式进行对比分析。

模拟闸门调控阶段 5 种验证工况（工况 4.18~工况 4.22）下不同闭闸时间下污染物输移扩散过程，分别提取污染物峰值输移距离、纵向长度和峰值浓度的模拟值，并对数值统计分析；已知应急调控阶段 5 种工况的水波传播时间分别为 137min，80.5min，51.5min，62.5min 和 140min；对比 5 种验证工况峰值输移距离、纵向长度和峰值浓度的模拟值和公式计算值，其结果如图 4.39~图 4.41 所示。

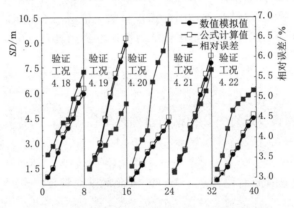

图 4.39 峰值输移距离模拟值与计算值对比

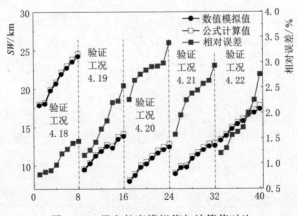

图 4.40 纵向长度模拟值与计算值对比

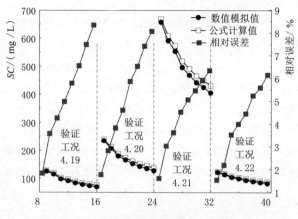

图 4.41　峰值浓度模拟值与计算值对比

根据图 4.39～图 4.41 可知，峰值输移距离公式计算值与模拟值的相对误差位于 3.13％～6.82％之间，纵向长度公式计算值与模拟值的相对误差位于 0.78％～3.50％之间，峰值浓度公式计算值与模拟值的相对误差位于 1.53％～8.32％之间；这些误差都在 10％以内，能够满足精度要求。因此认为闸门调控下污染物快速识别公式是合理的。

4.4　本章小结

本章主要依据南水北调中线干渠基础资料，采用一维水动力水质模型研究了在同、异步闭闸调控方式下明渠输水工程突发可溶性污染物输移扩散规律，以及在闸门调控下污染物输移扩散规律，并确定污染物快速识别公式，主要包括以下几点。

（1）无论是同步闭闸调控还是异步闭闸调控，峰值输移距离、纵向长度随着传播时间呈增加趋势，超过一定数值后趋于稳定，而污染物峰值浓度随传播时间呈衰减趋势，低于一定数值后趋于稳定；并且异步闭闸调控下污染物特征参数达到稳定的时间比同步闭闸调控下达到稳定的时间推迟 $\Delta\tau$（下游节制闸延迟关闭时间）。

（2）在相同模拟条件下，异步闭闸调控下的污染物峰值输移距离和纵向长度比同步闭闸调控下的值大，而污染物峰值浓度比同步闭闸调控下的值要小；对于明渠输水工程发生突发水污染事件，若以控制污染物范围为首要目标，采用同步闭闸调控方式更满足应急调控需求，这一结论与练继建等[157]提出的突发水污染事件下，长距离明渠输水工程中控制污染范围的应急调控方式为同步闭闸调控方式是一致的；若以降低污染物浓度为首要目标，采用异步闭闸调控方式更满足应急调控需求。

（3）针对调水工程应急调控过程中闸门调控方式的选取问题，考虑了调控时间、调控后污染范围、调控后污染物浓度、调控成本、操作难易程度及调控时工程安全等因素，结合 AHP-灰色聚类分析，确定调水工程应急调控过程中闸门调控方式；该方法适用于贫信息、不确定性决策问题。通过研究得到，在长距离明渠输水工程应急调控过程中，选取同步闭闸方式更为合理。

（4）根据闸门调控下污染物输移扩散规律，结合数值模拟结果，采用线性拟合的方法，提出了污染物快速识别公式，其中包括污染物峰值浓度输移距离、纵向长度和峰值浓度计算公式，为突发水污染事件应急调控和处置提供有力的信息支持。

第5章　调水工程突发水污染事件应急调控决策和预案研究

突发水污染事件发生后，需要立即根据现有的污染事件信息确定风险等级，然后结合污染物的性质确定应急调控策略，以便决策者快速给出调控方案。在我国，由于春夏秋冬四季分明，气温变化很大，在冬季可能会出现冰封现象，需要针对不同输水时期制定相应的突发水污染事件应急调控策略。因此，在调水工程突发水污染事件中，完备的预案能够在控制污染范围、降低污染影响程度方面发挥重要作用。

调水工程突发水污染事件应急调控决策和预案研究思路如图 5.1 所示。主要研究包括四项内容：①应急调控目标的确定。根据第 2 章调水工程突发水污染事件风险评价方法，确定污染事件风险等级，然后结合污染物类型及事件风险等级确定应急调控目标。本章中突发水污染事件应急调控目标主要包含水力调控安全和控制污染范围两大目标。其中水力安全主要是考虑在闸门调控过程中如何使水位波动满足安全标准，例如在南水北调中线工程中，水位波动不能超过 0.15m/h，否则会导致渠堤滑坡、渠道衬砌破坏。而控制污染物主要是通过闸门调控将污染物尽量控制在事件渠道内，降低事件的影响。②提出不同输水时期的应急调控策略。根据第 4 章提炼出的闸门调控下污染物快速识别公式及输水工程特点，针对常规输水情况和冰期输水情况，分别提出了事件渠段应急调控、事件渠段上游段应急调控、事件渠段下游段应急调控。③南水北调中线工程突发水污染事件应急调控预案。以南水北调中线为例，分别考虑事件

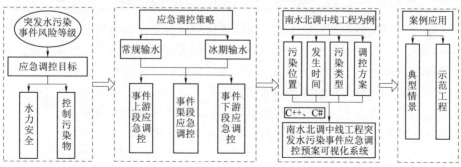

图 5.1　调水工程突发水污染事件应急调控决策和预案研究思路

发生位置、发生时间、污染类型、调控方案等因素，利用 C＋＋和 C 语言，构建了南水北调中线工程突发水污染事件应急调控预案可视化系统。④案例应用。将应急调控预案思路应用到典型模拟情景和第 3 章中的中线实际工程中。

5.1 调水工程突发水污染事件应急调控策略

跨流域调水工程由于输水路线长，涉及范围广，调控复杂，一旦发生突发水污染事件，若处理不及时，会带来意想不到的危害。并且在我国，由于春夏秋冬四季分明，气温变化很大，春夏秋季处于常规输水时期，而在冬季可能会出现冰封现象，处于冰期输水时期，因此需要针对不同输水时期制定相应的突发水污染事件应急调控策略，避免不必要的时间耽误。基于此，本章根据污染事件风险等级和闸门调控下污染物快速识别公式，结合污染事件及工程特征，形成调水工程应急调控决策模型，并针对不同输水时期提出了相应的应急调控策略。

5.1.1 应急调控目标的确定

首先第 2 章中已经指出本书主要研究的污染物包括可溶无毒物质、可溶有毒物质和漂浮油类物质，因此针对这 3 种不同类型污染物选取的调控目标不同，见表 5.1。

表 5.1　　　　　　　突发水污染事件应急调控目标确定标准

风险等级	协调发展度	应急调控目标		
		可溶无毒物质	可溶有毒物质	漂浮油类物质
特别重大风险	$0 \leqslant F \leqslant 0.35$	控制污染物＋水力安全	控制污染物	控制污染物
重大风险	$0.35 < F \leqslant 0.7$	控制污染物＋水力安全	控制污染物	控制污染物
较大风险	$0.7 < F \leqslant 0.85$	水力安全	控制污染物	控制污染物
一般风险	$0.85 < F \leqslant 1.0$	水力安全	控制污染物＋水力安全	控制污染物＋水力安全

（1）可溶无毒物质。一般风险意味着污染事件本身影响很小，同时技术人员调控处置很方便，这种突发水污染事件一般不会给社会、环境带来影响，但是在调控过程中需要考虑闸门的调控速度，保证渠道内的水位波动满足安全标准，因此对于可溶无毒物质的应急调控目标为水力安全；较大风险意味着污染调控体系与事件影响体系之间的协调性较差，但是突发水污染事件对社会、环境带来的影响比较小，此时选取的调控目标为水力安全；重大风险表明污染调控体系与事件影响体系之间的协调性很差，不仅事件本身对社会环境会带来较大的影响，而且在调控过程中会遇见很多困难，加大调控难度，此时在调控过

程中不仅要考虑水力安全，同时还需考虑控制污染物扩散；特别重大风险意味着污染调控体系与事件影响体系之间的协调性相当差，这时在调控过程中需要同时考虑水位波动对渠道的影响以及污染物扩散对工程和社会的影响，因此选取的调控目标为水力安全和控制污染物。

（2）可溶有毒物质。一般风险意味着污染物排放量很少，对水质的影响小，同时技术人员调控处置很方便。但是由于污染物是有毒物质，对人体有害，因此在调控过程中不仅要考虑闸门的调控速度，保证渠道内的水位波动满足安全标准，同时也要控制污染物扩散，以免造成更大的影响。对于有毒物质来说，一旦排入到水中就会对水质产生影响，因此不论较大风险、重大风险和特别重大风险，都需要关闭闸门尽量将污染物控制在事件渠道内，减小污染事件的影响。

（3）漂浮油类物质。由于油类物质不溶于水，一般漂浮在水面，到达闸门前油膜会堆积，这时控制闸门的开度，要保证油膜不下潜到下一渠道内。如果油类为可食用油，并且排入量很少，这时可考虑在保证渠道内的水位波动满足安全标准的前提下，控制油膜扩散。但是对于其他油类，则需控制闸门的开度，保证油膜不下潜到下一渠道内。也就是说一般风险时，调控目标为水力安全和控制油膜扩散；而较大风险、重大风险和特别重大风险时，则需控制闸门的开度，保证油膜不下潜到下一渠道内。

5.1.2 调水工程突发水污染事件应急调控决策模型

在发生突发水污染事件时，根据污染物对人体是否有害，应急调控可分为正常输水和闭闸调控两种情况：在正常输水情况下，根据正常输水情况下的应急调控决策参数的量化公式，给出污染物峰值输移距离、纵向长度以及峰值浓度的范围；在闭闸调控时，考虑渠道实际情况，分别对事件渠段上游、事件渠段以及事件渠段下游进行调控，最终为应急处置提供信息支持。具体应急调控快速决策模型如图5.2所示，急调控快速决策模型步骤如下。

（1）得知发生突发水污染事件后，判断污染物对人体是否有害，选取应急调控方式，若对人体无害可正常输水，若对人体有害需闭闸调控。

（2）闭闸调控时，考虑渠道实际情况，对事件渠段上游、事件渠段以及事件渠段下游进行调控。在事件渠段，考虑污染物类型调节闸门，对于可溶性物质，根据闭闸调控情况下污染物快速识别公式，给出污染物峰值输移距离、纵向长度以及峰值浓度的范围；对于油类物质需考虑油膜下潜条件，调节渠道流速和闸门开度保证油膜不下潜[24]。在事件渠段上游，考虑上游水量需利用，根据处置时间以及上游渠段内分水口分水能力调节闸门。在事件渠段下游，给出按照某一流量供水时的供水时间。

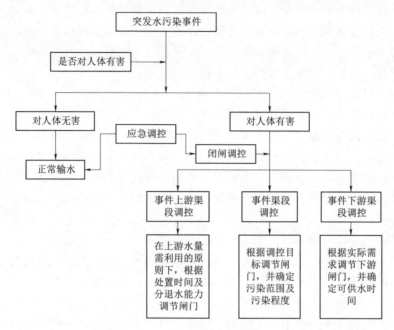

图 5.2　调水工程突发水污染事件应急调控快速决策模型

（3）根据处置后的水质是否达到指标来考虑是否启用退水闸。

5.1.3　调水工程突发水污染事件应急调控策略

在我国，由于春夏秋冬四季分明，气温变化很大，春夏秋季处于常规输水时期，在冬季可能会出现冰封现象，处于冰期输水时期，因此需要针对不同输水时期制定相应的突发水污染事件应急调控策略。

1. 常规输水下突发水污染事件应急调控策略

由于突发水污染事件的不确定性和复杂性，制定有效的应急调控策略是很困难的。根据应急调控目标的不同，本章将应急调控策略分为两部分，分别是无毒污染物应急调控和有毒污染物应急调控。由于输水工程一般为明渠，因此对于有毒污染物来说，应急调控时不仅要对事件渠段进行调控，还需考虑事件渠道上、下游段的调控。因此，在可行、有效的应急调控策略中，针对有毒污染物的应急调控又分为三部分：事件渠段应急调控、事件渠段上游段应急调控、事件渠段下游段应急调控。常规输水下突发水污染事件应急调控策略如图5.3所示。

（1）无毒污染物应急调控策略。对于无毒可溶性水污染事件来说，应急风险比较低，调控目标为水力安全。在调控前，首先要评估污染物扩散范围（如何确定正常输水情况下污染物扩散范围已在第3章中介绍），然后根据污染物

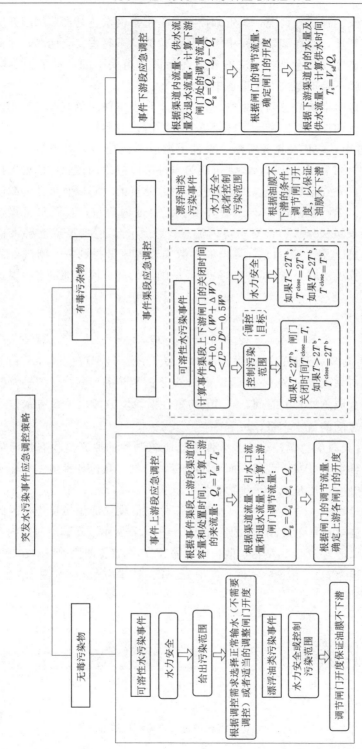

图 5.3 常规输水下突发水污染事件应急调控策略

扩散范围以及工程实际情况，确定调控方式是正常输水还是调节闸门开度。如果调节闸门开度，则在调节过程中需保证水位波动不超过安全标准，保证水力安全。对于漂浮油类污染物，决策者需在保证渠道安全的前提下调节闸门开度，确保油膜不会下潜到下个渠道中。

（2）有毒污染物应急调控策略。在突发水污染事件应急调控时，不仅要对事件渠段进行调控，还需考虑事件渠道上、下游段的调控。

1）事件上游段应急调控策略。事件上游应急调控的原则是在保证渠道安全输水前提下调节闸门开度，最大可能为事件渠段应急调控和应急处置提供足够的时间。首先确定事件渠段应急调控和应急处置的时间以及事件上游段渠道的蓄水能力，然后根据式（5.1）计算出上游渠道内流量；在调水工程中，沿线的一些退水闸和分水口会对渠道内流量产生影响，根据渠道上游入口来流量、退水流量以及式（5.1）计算出的上游渠道内流量得到每个闸门处的调节流量，其计算表示式见式（5.2）。最后根据闸门的调节流量确定上游渠道闸门的开度。

$$Q_c = V_{us}/T_d \tag{5.1}$$

$$Q_g = Q_d - Q_c - Q_r \tag{5.2}$$

式中：Q_c 为调节后渠道内的流量，m^3/s；Q_g 为闸门调节流量，m^3/s；Q_d 为渠道上游入口来流，m^3/s；Q_r 为渠道沿线分退水流量，m^3/s；T_d 为事件渠段应急调控和应急处置的时间，s；V_{us} 为事件渠段上游段渠道现有水位与允许的最高水位之间的蓄水容量，m^3。

2）事件渠段应急调控策略。事件渠段应急调控的原则是将有毒污染物尽量控制在事件渠段，减小危害；而对于无毒污染物，在保证渠道安全输水前提下调节闸门开度，尽量减小污染物扩散。

在实际过程中，一旦发生突发水污染事件，很难立即做出反应，因此在事件调控前的这段时间称为响应时间，如图 5.4 中 T^0 所示。在响应时间内污染物峰值输水距离记为 D^0，污染物扩散长度记为 W^0；在应急调控过程中，污染物峰值输移距离记为 D^R，污染物扩散长度记为 ΔW，具体物理描述如图 5.4 所示。

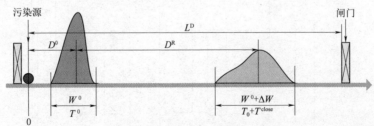

图 5.4 应急调控过程中污染物输移扩散示意图

对于可溶性水污染事件，首先要确定将污染物控制在事件渠段中，上下游闸门的关闭时间 T，可根据式（5.3）计算，在式（5.3）中，L^D 为已知值，D^0、D^R、W^0 以及 ΔW 都和闸门的关闭时间 T 有关，其计算公式详见第 3 章和第 4 章。然后根据应急调控目标确定闸门的关闭时间；当应急调控目标为控制污染物扩散，这时判断计算所得的闸门关闭时间 T 与 2 倍的水波传播时间（$2T^b$）之间的关系，若计算得到的闸门关闭时间 $T>2T^b$，则闸门实际的关闭时间 $T^{close}=2T^b$；若 $T<2T^b$，则闸门实际的关闭时间 T^{close} 等于计算所得的闸门关闭时间 T；当应急调控目标为水力安全，也需要判断计算所得的闸门关闭时间 T 与 $2T^b$ 之间的关系，若 $T<2T^b$，则 $T^{close}=2T^b$；若 $T>2T^b$，则闸门实际的关闭时间 $T^{close}=T$。

$$D^R+0.5(W^0+\Delta W)<L^D-D^0-0.5W^0 \tag{5.3}$$

式中：D^0 为调控前污染物峰值输移距离，m；D^R 为调控过程中污染物峰值输移距离，m；L^D 为污染源距下游节制闸的距离，m；W^0 为调控前污染物纵向扩散长度，m；ΔW 为调控过程中污染物纵向扩散长度，m。

3）事件下游段应急调控策略。事件下游应急调控的原则是在保证渠道安全输水前提下调节闸门开度，最大可能利用下游渠道内的水量，保证持续供水。首先根据渠道流量、供水流量以及退水流量计算出每个闸门的调节流量，其计算表示式为式（5.4）。然后根据闸门的调节流量确定下游闸门的调节开度。最后根据下游渠道内的水量及维持供水所需的最小水量计算供水时间，可为应急调控及处置提供参考。由于渠道内的水量不能为零，因此本章中采用 0.9 的折减系数，其数学表达式见式（5.5）。

$$Q_g=Q_c-Q_s-Q_r \tag{5.4}$$
$$T_s=0.9V_{sd}/Q_s \tag{5.5}$$

式中：Q_s 为维持供水所需的最小水量，m^3/s；T_s 为最长的供水时间，s；V_{sd} 为事件渠段闸门关闭后下游渠道的蓄水量，m^3。

2. 冰期输水下突发水污染事件应急调控策略

冰期输水期间，输水调控难度大，如何制定科学合理的冰期输水方案保证冰期输水安全是需要解决的难题；同时，如果冰期输水期发生突发汇入水污染事件，能否制定既保障输水安全同时又能有效控制污染物范围的应急调控方案是亟须探讨的问题。

已知渠道在结冰期，为了保证冰花在冰盖前缘不下潜，避免冰塞的形成，通常要求渠道内的断面平均流速控制在 0.4m/s 以下，水流的弗劳德数应小于 $0.07^{[152-154]}$。在保证冰期安全输水的情况下，结合可溶污染事件和漂浮油类污染事件的应急调控模型，提出了冰期输水下突发水污染事件应急调控策略，如图 5.5 所示。

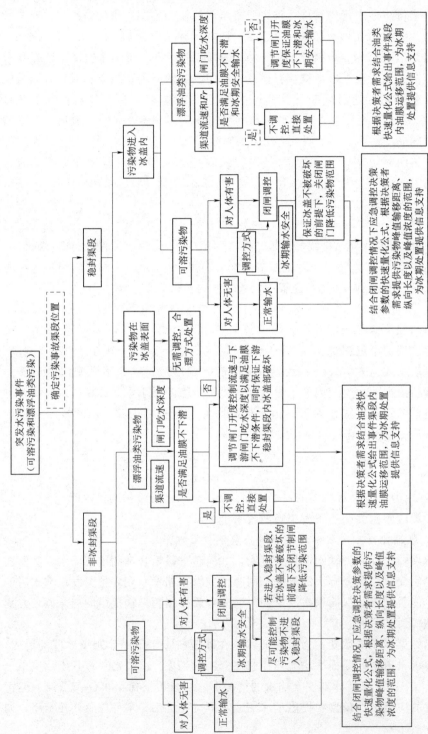

图 5.5　冰期输水下突发水污染事件应急调控策略

（1）由于调水工程纬度跨度大，冬季沿线渠道可能会出现非冰封渠段和稳封渠段两部分。首先根据污染物发生的位置确定污染事件渠段是属于未冰封渠段还是稳封渠段；然后结合污染物类型确定应急调控方案。

（2）如果发生在非冰封渠段，根据污染物的类型选取应急调控方式。具体调控内容如下。

1）可溶性污染物。通过判断污染物对人体是否有害确定污染事件应急调控策略。

a. 若污染物对人体无害，无需调控，保持正常输水。

b. 若污染物对人体有害则需闭闸调控，考虑渠道实际情况，需对事件渠段上游、事件渠段以及事件渠段下游分别进行调控。

事件渠段：在保证下游稳封渠段内冰盖不被破坏和冰期安全输水的前提下，关闭上下游节制闸，控制污染物不进入稳封渠段；如果不能保证在冰盖不破坏和冰期安全输水的前提下控制污染物不进入稳封渠段，则污染物允许进入稳封渠段，此时需要在保证冰期输水安全前提下，结合冰期输水调控要求，合理调控节制闸开度控制污染物范围。

事件渠段上游段：考虑上游水量需被利用，根据所需处置时间以及上游渠段内分水口的分水能力调节闸门。

事件渠段下游段：需根据事件区段闸门调控方案合理制定闸门调控方案，保证冰盖不被破坏和冰期输水安全，同时控制污染物范围。

c. 提供污染事件信息，为冰期处置提供信息支持。结合闭闸调控情况下应急调控决策参数的快速量化公式，根据决策者需求提供污染物峰值输移距离、纵向长度以及峰值浓度的范围。

2）漂浮油类污染物。通过判断事件渠段内的流速和下游节制闸的吃水深度是否满足油膜不下潜的条件，确定污染事件应急调控策略。

a. 若能保证油膜不下潜，则无需调控，保持正常输水。

b. 若油膜能下潜，则需调节闸门开度，控制流速与下游闸门吃水深度以满足油膜不下潜条件，同时保证下游稳封渠段内冰盖不破坏和冰期安全输水。

事件渠段上游段：考虑上游水量需被利用，根据所需处置时间以及上游渠段内分水口的分水能力调节闸门。

事件渠段下游段：需根据事件区段闸门调控方案合理制定闸门调控方案，保证下游冰盖不被破坏和冰期输水安全，同时控制污染物范围。

c. 提供污染事件信息，为冰期处置提供信息支持。根据决策者需求，结合油类快速量化公式，给出事件渠段内油膜运移范围。

（3）如果发生在稳封渠段，判断污染物是否潜入冰盖内确定应急调控方式。

1）若污染物直接留在冰盖表面，无需调控，采取合理处置方式即可。

2）若污染物落入冰盖内，需根据污染物的类型选取应急调控方式。

a. 可溶污染物。通过判断污染物对人体是否有害确定污染事件应急调控策略。若污染物对人体无害，无需调控保持正常输水；若污染物对人体有害，需闭闸调控。

考虑渠道实际情况，对事件渠段上游段、事件渠段以及事件渠段下游段进行调控。具体调控策略如下：

事件渠段：在保证冰盖不被破坏和冰期安全输水的前提下，关闭上下游节制闸，控制污染物范围。

事件渠段上游段：考虑上游水量需被利用和保证冰期安全输水，根据处置时间以及上游渠段内分水口分水能力调节闸门。

事件渠段下游段：需根据事件渠段闸门调控方案合理制定闸门调控方案，保证冰盖不被破坏和冰期输水安全调控要求，同时控制污染物范围。

最终，根据闭闸调控情况下应急调控决策参数的快速量化公式，给出污染物峰值输移距离、纵向长度以及峰值浓度的范围，提供污染事件信息，为冰期处置提供信息支持。

b. 漂浮油类污染物。通过判断事件渠段内的流速和下游节制闸的吃水深度是否满足油膜下潜的条件和冰期安全输水，确定污染事件应急调控策略。

若能保证油膜不下潜并且冰盖不被破坏则无需调控，正常输水，采取合理处置方式即可；若油膜下潜，则需考虑在冰盖不破坏和冰期输水安全前提下能否通过调节闸门开度控制油膜不下潜，如果可以则调节闸门开度，反之，不调控，允许油膜下潜进入下个渠池；然后再判断此时在冰期输水安全前提下能否通过调控闸门控制油膜不下潜，直到油膜不下潜为止。如果油膜始终会下潜，则只能在下游冰封段进行特殊应急处置。而事件渠段上游段在考虑上游水量需被利用和保证冰期安全输水的前提下，根据处置时间以及上游渠段内分水口的分水能力调节闸门；事件渠段下游段需根据事件渠段闸门调控方案合理制定闸门调控方案，保证冰盖不被破坏和冰期输水安全调控要求，同时控制污染物范围。最终，根据决策者需求结合油类快速量化公式给出事件渠段内油膜运移范围，提供污染事件信息，为冰期处置提供信息支持。

5.2　调水工程突发水污染事件应急调控预案组成

随着国内外突发水污染事件地增加，输水工程水质安全保障从建设初期的预防及风险分析为主，逐步转到加强事后控制及处置等应急管理研究。近年来，调水工程逐步投入运行，制度层面的应急预案已逐步完善[155]，为保障输水水质安全，应加强针对事件的、具有较强操作性的、能够直接指导应急响应的预案体系建设。

调水工程由于输水路线长、沿程交叉建筑物多、闸门调控复杂等特点，在突发水污染事件发生后，需根据污染事件发生位置确定事件渠段，然后启动闸门联动调控、上下游段分别调控，以尽量控制污染物扩散，保证水量充分利用，并对调控后的污染物进行处置等。因此，南水北调中线工程突发水污染事件的预案应包括渠道信息、污染事件基本信息、应急调控及处置。其组成内容及指标如图 5.6 所示。

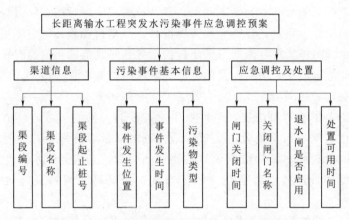

图 5.6 中线工程突发水污染事件应急调控预案组成

1. 渠道信息

由于污染事件发生后需要对闸门进行调控，因此本章以节制闸为界限对输水渠道进行划分，然后根据输水渠道基本信息，确定每个渠段起始桩号，方便污染事件发生位置的确定。

2. 污染事件基本信息

污染事件发生后，若已知污染源的基本信息，可直接获取污染发生位置（对应中线干渠划分渠段）、污染发生时间及污染物类型；若不知污染源基本信息，可根据第 3 章追踪溯源方法确定污染源位置、污染发生时间，并根据污染物特性判断污染物类型。其中污染物发生位置的确定，本章中参考刘婵玉[156]论文中提到的将 $2T^{bmax}$ 作为闭闸时间[156]，根据 $2T^{bmax}$ 内污染物传播的距离将每个渠段进行划分，然后结合污染事件具体发生的位置确定相应的调控方案。

3. 应急调控及处置

水污染事件应急调控是指为控制突发水污染事件发展，减小影响范围，降低经济社会损失，而利用输水工程节制闸和泵站等水工建筑物所采取的一系列水资源调度控制措施[157]，本章中主要是闸门调控等措施[158]。突发水污染事件发生后，为控制其污染范围，在保障渠道水力安全的前提下，常通过闸门调控将污染物控制在事件渠段，或是事件渠段下游渠段，为应急处置提供信息支持。通过闸门调控，可以将污染控制在事件渠段以便于处置，或者减轻污染物在闸前的大量聚集，在保障下游段水质不超标的情况下将污染输送至下级渠段[159]。

（1）应急调控原则。不同的风险受体在输水工程中承担的作用不同而调控原则也不一致，针对南水北调中线工程，应急调控原则为：①保证输水干渠水力安全。中线干渠大部分为人工明渠，在调控过程中，闸门关闭过快会导致渠道内水位的骤升、骤降，轻则导致渠堤滑坡、渠道衬砌破坏，重则可能发生漫堤、淹泵、毁闸等后果，而闸门关闭过慢会导致污染范围不能及时控制，轻则会扩大污染范围，重则会给人民的生命和国家财产造成重大损失；因此为了保证输水渠道边坡的安全，提出河段内水位变幅不超过 0.15m/h 和 0.3m/d。②控制污染范围及污染浓度。事件发生后，控制污染物扩散，减小污染影响范围，不仅有利于污染处置，还可以最大程度减低事件带来的经济损失和社会影响。同时控制污染物浓度，尽量通过闸门调控和启用退水闸使渠道内的污染物浓度降低，减小污染物在闸前富集，降低高浓度污染物对水环境的影响[160-162]。

（2）应急调控及处置指标。为使决策者能够在应急调控原则下形成应急预案，需要提出指导实际操作的应急调控及处置指标，主要包括闸门关闭时间、关闭闸门名称、是否启用退水闸、处置可用时间。

1）闸门关闭时间。对于可溶性水污染事件，首先要确定将污染物控制在事件渠段中，上下游闸门的关闭时间 T，可根据式（5.3）计算。其中 D^R（调控过程中污染物峰值输移距离）和 ΔW（调控过程中污染物纵向扩散长度），分别通过第 4 章中闸门调控下污染物快速识别公式计算得到。对于不同类型的污染物，采取的调控目标不同，考虑的因素不同，可能导致闸门关闭时间的不同。因此，当调控目标为控制污染物扩散，这时判断计算所得的闸门关闭时间 T 与 2 倍的水波传播时间（$2T^b$）之间的关系，若计算得到的闸门关闭时间 $T>2T^b$，则闸门实际的关闭时间 $T^{close}=2T^b$；若 $T<2T^b$，则闸门实际的关闭时间 T^{close} 等于计算所得的闸门关闭时间 T；当应急调控目标为水力安全，也需要判断计算所得的闸门关闭时间 T 与 $2T^b$ 之间的关系，若 $T<2T^b$，则 $T^{close}=2T^b$；若 $T>2T^b$，则闸门实际的关闭时间 $T^{close}=T$。

2）关闭闸门名称。南水北调中线工程沿线共有 60 座节制闸，突发水污染事件发生后，需对闸门进行调控，将污染物控制在事件渠段或事件渠段下游段。由于不同类型的污染物对调控的要求不同，因此需要给出所需关闭的闸门名称，方便相关人员操作。

3）是否启用退水闸。刘婵玉[156]提出，退水闸的启用在有效减小水位变化速度和水位上涨幅度的同时，还能将污染水体通过退水闸排出事件渠段，因此，对于事件发生渠段存在退水闸情况，应采取合理的退水闸开启方案。但是考虑实际工程中，有些退水渠不可用，因此需要根据污染事件发生位置确定是否启用退水闸。

4）处置可用时间。在闸门调控过程中，事件上游调控的原则是在保证渠道安全输水前提下调节闸门开度，最大可能为事件渠段应急调控和应急处置提供足够的时间。根据式（5.1）和式（5.2），通过改变上游的来流量可计算出不同处置的可用时间。若流量调节到最小仍不能满足处置时间要求，需要关闭陶岔渠首闸门，为处置提供足够时间。

5.3 南水北调中线工程突发水污染事件应急调控预案

为确保中线工程水质达到输水要求，基于突发水污染事件风险评价方法，结合污染物的输移扩散规律，提出适用于中线工程的突发水污染的应急机制和水质保障的长效机制，并建立健全南水北调中线工程突发水污染事件应急预案库，以确保调水工程水质安全。

5.3.1 中线工程突发水污染事件应急预案库

南水北调中线工程全程自流输水，惯性大，并且全程闸控建筑物众多，闸门联动调控复杂，输水工程对水位波动控制要求高，因此输水控制难。突发水污染事件发生后，如控制措施不及时，污染物进入输水渠道造成污染范围急剧增大，经济损失及社会影响加剧。由于南水北调中线工程沿线监测站比较多，当干渠发生突发水污染事件时，能够在短时间内获知污染信息。因此，本章基于突发污染事件发生即可知的前提开展中线工程突发水污染事件应急预案研究。根据中线干渠的应急调控原则，结合污染事件信息和中线工程沿线节制闸布置，通过闸控下污染物快速识别公式，计算得出闸门关闭时间及上下游闸门调控流量，根据污染物类型及污染量实施合理的应急处置，形成中线工程突发水污染事件应急调控预案库。该预案库包括中线干渠突发可溶性污染事件应急调控预案库（图5.7）、干线突发漂浮油类应急调控预案库（图5.8）及天津支线突发水污染事件应急调控预案库（表5.2）。由于天津支线是全箱涵自流输水，一旦干渠西黑山节制闸上游发生突发水污染事件，若处理不及时，污染物很可能会通过西黑山进口闸汇入天津支线从而造成支线突发水污染事件，因

图 5.7　中线干渠突发可溶性污染事件应急调控预案库

UACH2 陶岔渠首来流量 Q/(m³/s)	可提供处置时间/h
350.00	1.69
335.00	1.77
320.00	1.85
305.00	1.94
290.00	2.04
275.00	2.15
260.00	2.28
245.00	2.42
230.00	2.57
215.00	2.75
200.00	2.96
185.00	3.20
170.00	3.48
155.00	3.82
140.00	4.23
125.00	4.73
110.00	5.38
95.00	6.23
80.00	7.40
60.00	9.86

渠段编号	渠段名称	渠段桩号 起	渠段桩号 止	渠道长度/km	黑屯内分水口退闸分退水箱	水深/m	输水流速/(m/s)	输水流量/(m³/s)	分水流量/(m³/s)	下游调控器段水深/m	下游闸开度/m	(水源)下游闸后水深度/m	(控调水位)下游闸后水深度/m	应急调控预案 事故顶上事故器	事故顶上事故段流量/(m³/s)	事故段流速 事故顶闸下游器	调节输水流速/(m/s)	闸口减小开度/s
CH1	陶岔渠首——湍河节制闸	0	036+449	36.449	首樟分水口(004+204), 汚河退水闸(014+516), 翼城闸分水口(022+284), 淯河退水闸(036+351)	8	0.93	350	0	8.1	6.8	1.2	1.3	/	282.258	282.258	0.75	
CH2	湍河节制闸——严陵河节制闸	036+449	048+741	12.292	石家分水口(043+984), 严陵河退水闸(048+731)	7.5	0.88	340	10	7.6	6.375	1.125	1.225	UACH2	289.773	289.773	0.75	1.34583
CH3	严陵河节制闸——洪河节制闸	048+741	074+662	25.921	无	7.5	0.9	340	0	9.6	8.075	-0.575	1.525	UACH3	283.333	283.333	0.75	
⋮	⋮	⋮	⋮	⋮														
CH26	涛河节制闸——潮河节制闸	501+425	529+888	28.403	南观昌北石渠分水口(510+748), 魁庄市房里南分水口(523+753), 潮河退水闸(529+591)	7	0.68	#REF!	0	9.1	7.65	-0.65	1.45	不调控				/
⋮	⋮	⋮	⋮	⋮														
CH60	攻水河节制闸——北拒马河渠尾	1171+048	1196+362	25.314	下牵路分水口(1179+467), 水北沟退水箱(1183+476), 三总河分水箱(1194+486)	4.3	0.46	#VALUE!	10					完全闭闸				/

图 5.8 中线干线突发漂浮油类事件应急调控预案库

此，构建了中线总干渠水污染汇入下天津支线应急调控预案库，见表5.2。表5.2中，800s是西黑山节制闸允许最快关闭时间；1.84h是保证保水堰水位波动不超过允许范围，避免发生脱空的西黑山进口闸最长关闭时间。

表 5.2　　　　中线总干渠水污染汇入下天津支线应急调控预案库

编号	突发水污染情景	应 急 调 控 预 案
1	污染物到达西黑山进口闸的时间小于800s	突发污染发生后立即关闭西黑山进口闸，关闭时间为800s；西黑山进口闸完全关闭后，外环河与西河开始抽流
2	污染物到西黑山进口闸的时间大于800s且小于1.84h	突发污染后立即关闭西黑山进口闸，关闭时间为5600s，黑西山进口闸关闭过程为：两边孔以0.1m/min的速度匀速关闭一半，暂停1000s，然后以0.1m/min的速度完全关闭，暂停3000s，最后以0.1m/min速度关闭中孔。外环河泵站和西河泵站滞后11000s开始关闭，关闭时间为1500s
3	污染物到西黑山进口闸的时间大于1.84h	突发污染后立即关闭西黑山进口闸，关闭时间为6600s，西黑山进口闸关闭过程为：两边孔以0.1m/min的速度匀速关闭一半，暂停2000s，然后以0.1m/min的速度完全关闭，暂停3000s，最后以0.1m/min的速度关闭中孔。外环河泵站和西河泵站滞后11000s开始关闭，关闭时间为1500s
4	污染物进入到天津支线	污染物进入到天津支线后，关闭西黑山进口闸和调节池节制闸，应尽可能将污染物控制在调节池前；如果污染物汇入天津支线，需要整体排水处置

基于上述研究成果，分别采用C＋＋和C语言开发平台和对象类开发模式，同时考虑多方面因素，如污染发生位置、发生时间、污染源类型、控制目标、污染量级等因素，构建了南水北调中线工程突发水污染事件应急预案可视化系统，如图5.9所示。该系统界面显示直观，易于操作，为使用者提供多类型的输入设定，来满足不同用户的需求。

南水北调中线工程突发水污染事件应急预案可视化系统，可为应急调控管理人员提供突发水污染方案支持，包括污染物到达下级渠道的时间方案、调控阶段节制闸和分水口调控方案、调控稳定后污染油膜扩散范围方案、污染物沿程变化过程展示方案、应急调控原则方案、事件渠段应急调控方案、事件渠段上游段应急调控方案以及事件渠段下游段应急调控方案等，上述方案均可直接在系统界面上图表显示，同时以txt文本形式存储到计算机中。系统中嵌入了输水工程中的渠道、节制闸和分水口特性且考虑了节制闸和分水口调节能力，同时可以借助操作界面设定污染事件发生位置、事件发生时间、污染量级、不同输水间隔下污染物扩散过程和控制目标。

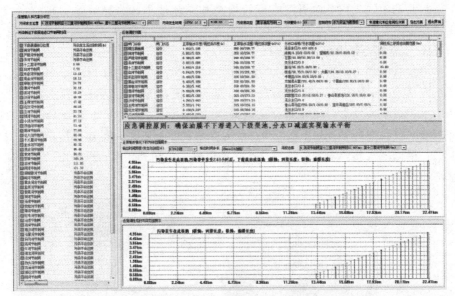

（a）界面 1

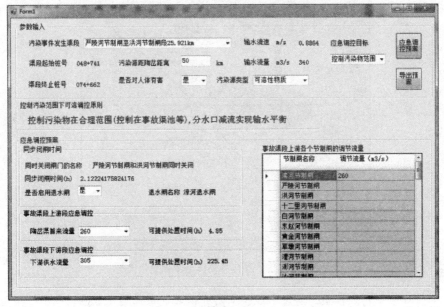

（b）界面 2

图 5.9　南水北调中线工程突发水污染事件应急预案可视化系统

5.3.2　案例应用

为了更深一步了解调水工程突发水污染事件应急预案的应用情况，本节基于南水北调中线工程，对可溶有毒污染物和漂浮油类污染物展开了典型案例说明。

1. 可溶有毒污染物典型案例

可溶有毒物质典型案例基本情况如图 5.10 所示，假定 2014 年 5 月 20 日，在距陶岔 50km 处载有 10t 苯酚的车辆翻入干渠，造成突发可溶性水污染事件，水污染事件发生后相关人员立刻得到通知，已知在事件处上游 1259m 处是严陵河节制闸，事件处下游 25921m 处是洪河节制闸。在得知水污染事件发生后，根据南水北调中线工程突发水污染事件应急调控预案，可给出合理的应急调控预案。

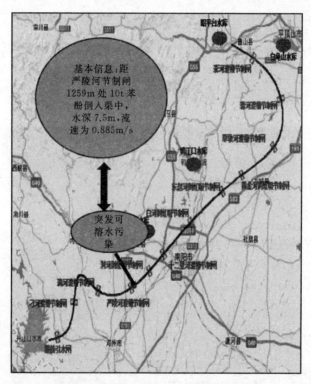

图 5.10　可溶有毒污染物典型案例基本情况

（1）应急调控预案。通过中线预案研究可知，将苯酚完全控制在事件渠池内，闸门关闭时间为 93min，同时关闭严陵河节制闸和洪河节制闸。根据 4.3.2 节闸门调控下污染物快速识别公式计算可知，闭闸结束后，苯酚峰值向前输移 5223m，最终最高浓度为 38mg/L，纵向长度影响范围是 13852m，同时苯酚溶液前缘距洪河节制闸的距离是 14413m。严陵河节制闸上游渠段通过闸门调控和石家分水口分水可保证输水流量为 200m³/s，可提供 6h 进行污染物处置;洪河节制闸下游渠段以 60m³/s 流量供水可供 1146h。其可视化界面如图 5.11 所示。

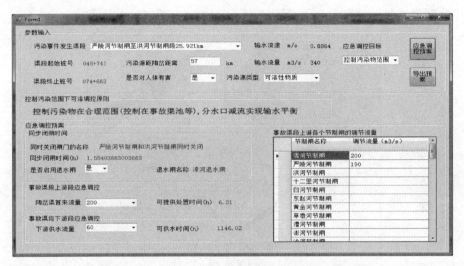

图 5.11 可溶有毒污染物典型案例可视化界面图

(2)数模验证。本节为了进一步验证预案结果,构建严陵河节制闸至洪河节制闸段一维水动力水质模型,其模拟结果显示,当上下游节制闸关闭时间为92min 时,峰值向前输移 5900m,最终最高浓度为 32mg/L,纵向影响范围是13.8km,与用快速公式得到的值基本一致,结果如图 5.12 所示。

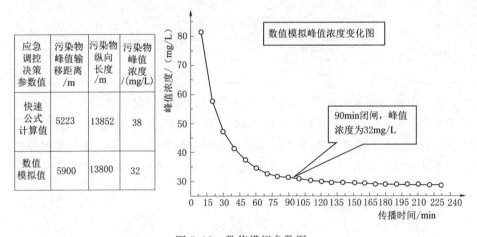

应急调控决策参数值	污染物峰值输移距离/m	污染物纵向长度/m	污染物峰值浓度/(mg/L)
快速公式计算值	5223	13852	38
数值模拟值	5900	13800	32

图 5.12 数值模拟参数图

2. 漂浮油类污染物典型案例

漂浮油类污染物典型案例基本情况如图 5.13 所示,假定在京石段—西黑山分水口段发生突发油类水污染事件，基本参数见表 5.3。京石应急段—西黑山分水口渠段流量为 100m³/s，渠道水深 4.5m，平均流速为 0.71m/s。西黑山节制闸控制水深为 4.5m，闸门开度为 3.06m，闸门吃水深度为 1.5m。

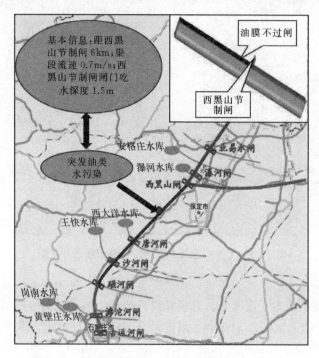

图 5.13　漂浮油类污染物典型案例基本情况示意图

表 5.3　　　　　　　　　　　　典 型 情 景 设 定 表

污染物名称	污染物渠段	距下游闸距离/km	污染物量级/t
柴油	京石段—西黑山分水口	6	5

通过中线预案研究可知，油膜到达下游节制闸的时间为 2.35h。渠段流速小于 0.8m/s，并且西黑山节制闸吃水深度为 1.5m，根据刘晓轻[24]提出的油类污染物应急调控决策参数条件，油膜不会在瀑河节制闸下潜，不采取调控措施，保证渠道正常输水，此时油膜扩散范围为 8.55km。其可视化界面如图5.14 所示。

3．中线工程实例应用

基于第 2 章中的示范工程，结合风险评价结果，运用调水工程突发水污染事件调控预案系统开展中线示范工程应急调控，并从中线工程预案库中筛选出合理的应急预案。

（1）示范工程应急调控目标。蔗糖为无毒可溶性污染物，根据第 2 章中示

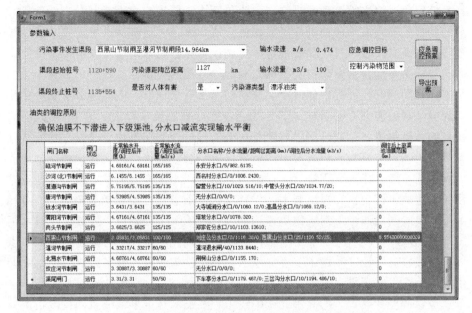

图 5.14 漂浮油类污染物典型案例可视化界面图

范工程风险评价结果可知,示范工程的风险等级为一般,根据表 5.1 突发水污染事件应急调控目标确定标准,该示范工程的应急调控目标为水力安全。

当将蔗糖为苯酚这种有毒可溶性污染物时,根据第 2 章中示范工程风险评价结果可知,示范工程应急风险等级属于重大风险,然后由表 5.1 突发水污染事件应急调控目标确定标准可知,该示范工程的应急调控目标为控制污染物。

(2)示范工程应急调控方案。当是蔗糖这种可溶性无毒污染物时,选取的应急调控方式为正常输水。

当将蔗糖换为苯酚时,由于苯酚有毒,对人体有害,因此需要关闭闸门阻止污染物向下游扩散;对于事件渠段上游段,由于当时输水期的流量很小,因此上游的闸门保持正常开度,通过式(5.1)和式(5.2)计算得到,上游可再蓄水 7700h;对于事件渠段,放水河节制闸和蒲阳河节制闸需同时关闭,经计算可知闸门关闭时间为 60min,并且闸门关闭后污染物峰值输移距离为 0.6km,而污染源距下游节制闸的距离为 2.148km,因此可将污染物控制在事件渠段内;对于事件下游段,通过式(5.4)和式(5.5)计算得到,下游的水量可正常供水 670h。

5.4 本章小结

本章基于调水工程突发水污染事件开展了不同输水时期下多类型突发水污

染事件应急调控决策及预案研究。主要包括：①确定应急调控目标。根据第 2 章的调水工程突发水污染事件风险评价方法，确定污染事件风险等级，然后结合污染物类型及事件风险等级确定应急调控目标。本章中突发水污染事件应急调控目标主要包含水力调控安全和控制污染范围两大目标。其中水力安全主要是考虑在闸门调控过程中如何使水位波动满足安全标准，例如在南水北调中线工程中，水位波动不能超过 0.15m/h，否则会导致渠堤滑坡、渠道衬砌破坏。而控制污染物主要是通过闸门调控将污染物尽量控制在事件渠段内，降低事件的影响。②建立调水工程突发水污染事件应急调控决策模型。基于污染物快速识别公式，结合输水工程特点，提出了适用于调水工程的突发水污染事件应急调控快速决策模型。③提出调水工程突发水污染事件应急调控策略。根据第 4 章提炼出的闸门调控下污染物快速识别公式及输水工程特点，针对常规输水情况和冰期输水情况，分别提出了事件渠段应急调控、事件上游段应急调控、事件下游段应急调控。④调水工程突发水污染事件应急调控预案组成。南水北调中线工程突发水污染事件的预案应包括中线渠道基本信息、污染事件基本信息、应急调控及处置。⑤南水北调中线工程突发水污染事件应急调控预案。以南水北调中线为例，分别考虑事件发生位置、发生时间、污染类型、调控方案等因素，提出了中线干渠突发可溶事件应急调控预案库、中线干渠突发漂浮油类应急调控预案库及中线总干渠水污染汇入下天津支线应急调控预案库。

　　本章将调水工程突发水污染事件调控预案系统应用到实际工程中，首先通过对可溶有毒污染物和漂浮油类污染物展开了典型案例说明，然后通过数值模拟验证调控方案的合理性。并基于第 2 章中的示范工程，结合风险评价结果，运用调水工程突发水污染事件调控预案系统开展中线示范工程应急调控。当是蔗糖这种无毒可溶性污染物，示范工程的应急调控目标为水力安全，选取的应急调控方式为正常输水；当将蔗糖换为苯酚这种有毒可溶性污染物时，示范工程的应急调控目标为控制污染物，需要关闭闸门阻止污染物向下游扩散。

第6章 结论与展望

基于调水工程特性，利用反演思路对污染事件进行预测，提出适用于调水工程突发可溶性水污染事件的溯源方法；借鉴层次结构分析法、协调度模型等相关学科的研究成果，提出了突发水污染事件风险评价方法；并采用数值模拟和物理模型试验相结合的手段，提炼出闸门调控情况下污染物快速识别公式；结合中线工程特点及调控目标，建立多类型突发水污染事件应急调控预案体系，最后通过典型情景和现实案例模拟表明该体系在南水北调中线工程实际应用取得比较好的效果。

6.1 结论

调水工程突发水污染事件应急调控决策体系研究采用数值模拟、物理模型试验和现场试验相结合的手段，针对不同类型污染物的输移扩散过程，借鉴反演思路、层次结构分析法、协调发展度等相关学科的研究成果，提出调水工程突发可溶性水污染事件追踪溯源方法、风险评价方法、应急调控决策模型，建立多类型突发水污染事件应急调控预案库，为管理者应用调水工程突发水污染事件应急调控决策体系提供信息支持。主要结论如下。

（1）构建了基于不同类型污染物输移扩散特性的调水工程突发水污染事件应急调控决策体系。为了应对突发水污染事件，首先，要根据相关部门的信息反馈确定污染源的位置，以便决策者快速地控制污染物的排入；其次，根据事件的性质及工程需求，开展事件风险等级判定，让决策者和相关人员对突发事件形成整体认识，同时为应急调控提供决策支持；然后，研究污染物在闸门调控过程中的变化规律，提出污染物快速识别公式；最后，根据风险等级、污染物扩散范围预测及调控原则提出调水工程突发水污染事件下的有效应急预案。基于上述四步，建立以服务于实际工程管理要求为目的，且科学、可行、有效的调水工程突发水污染事件应急调控决策体系。

（2）基于AHP方法与协调发展度模型提出了调水工程突发水污染事件风险评价方法。

1）首先根据污染物的物理化学性质判断其类型，本书主要研究可溶无毒物质、可溶有毒物质和漂浮油类物质；然后根据事件渠道风险及对水质的要求确定渠道级别。

2）利用 AHP 建立调水工程突发水污染事件应急风险评价体系；该体系分别从调控技术、社会影响、经济影响和环境影响 4 个方面提出了 12 项指标；分别为闸门调控时间、调控技术的可行性、调控效果、污染物扩散范围、调控时所需的人力资源、伤亡情况、调控成本、事件损失、对渠道的破坏程度、污染事件对水质的影响、污染事件对环境的影响以及事件渠道级别。

3）最后根据评价体系的结果和污染物的类型，结合协调发展度模型，计算污染调控体系和事件影响体系协调发展度，从而确定突发水污染事件应急风险等级，为应急调控提供决策支持。

4）基于 AHP 和协调发展度模型构建的调水工程突发水污染事件风险评价方法，对文献［134］中高毒无机物氰化钠突发污染事件风险识别，通过计算得到高毒无机物氰化钠突发污染事件风险等级属于较大风险；与文献［134］中作者按照 DPSIR 模型各项指标的计算得到的风险级别是一致的，从而从侧面验证了该突发水污染事件风险评价方法是可行的；同时将该风险评价方法应用到实际示范工程中，为突发水污染事件应急调控及处置提供有力的信息支持。

（3）参照有关大气和地下水环境反问题的研究成果，立足于地表水污染源的识别，结合水污染自身的特点和成熟的数学物理反问题的解决方法，提出了适用于调水工程的污染源识别算法。

1）首先对理想型单一明渠和实际串联明渠内污染物输移扩散过程进行模拟，提出污染物特征参数，分别为污染物峰值输移距离、污染物纵向长度和峰值浓度。

2）针对理想型单一明渠，基于一维瞬时污染物扩散过程推导污染物峰值输移距离与峰值浓度量化公式，并对比公式预测值与模拟值，其误差较小；同时从保障水质达标的角度定义了污染物纵向长度，开展突发污染量级对污染物纵向长度影响的研究，提炼出污染物纵向长度的量级修正系数和污染物纵向长度量化公式。

3）针对实际串联明渠，通过构建不同模拟工况下串联明渠污染物输移扩散模型，对多组工况数值模拟结果进行分析，并结合单一明渠中污染物输移扩散规律，提出了适用于突发可溶性污染物在串联渠道中的输移扩散特征参数的量化公式，最终根据量化公式，确定了污染源投放量及污染源位置的计算公式。

4）为了验证污染物特征参数量化公式的合理性，开展实验室中的水力水质模拟研究和现场试验研究，结果表明，物模试验结果与预测值误差在 20%

以内，现场实测值与预测值的误差在 10％以内，从而说明污染物特征参数量化公式的合理性和追踪溯源方法的准确性。

（4）开展了调水工程突发水污染事件应急调控方式的研究。

1）开展同步闭闸和异步闭闸方式下污染物输移扩散规律研究，得出：①无论是同步闭闸调控还是异步闭闸调控，峰值输移距离、纵向长度随着传播时间呈增加趋势，超过一定数值后趋于稳定，而污染物峰值浓度随传播时间呈衰减趋势，低于一定数值后趋于稳定；并且异步闭闸调控下污染物特征参数达到稳定的时间比同步闭闸调控下达到稳定的时间推迟（下游节制闸延迟关闭时间）。②在相同模拟条件下，异步闭闸调控下的污染物峰值输移距离和纵向长度比同步闭闸调控下的值大，而污染物峰值浓度比同步闭闸调控下的值要小；对于明渠输水工程发生突发水污染事件，若以控制污染物范围为首要目标，采用同步闭闸调控方式更满足应急调控需求。

2）考虑调控时间、调控后污染范围、调控后污染物浓度、调控成本、操作难易程度及调控时工程安全问题等因素，结合 AHP－灰色聚类分析，确定在长距离明渠输水工程应急调控过程中，选取同步闭闸方式更为合理。

（5）开展了闸门调控下污染物输移扩散规律研究及污染物快速识别公式的确定。得到以下结论：

1）闭闸时间小于 1 倍的水波传播时间 T^b 时，污染物浓度峰值输移距离 D 在闭闸结束时趋于稳定，并且峰值输移距离与时间呈正比关系；闭闸时间大于 1 倍的 T^b 时，D 在闭闸结束后 2 倍的 T^b 后趋于稳定，并且在闭闸时间内峰值输移距离与时间呈正比关系，在 $2T^b$ 时间内，污染物浓度峰值输移距离与时间呈对数关系；

2）污染物纵向长度随时间呈增加的趋势，但是达到一定时间后逐步趋于稳定，将闸控下整个污染物纵向长度变化过程分为 3 个阶段，即增长阶段、过渡阶段和稳定阶段；

3）污染物峰值浓度随时间呈衰减的趋势，但是达到一定时间后逐步趋于稳定，这个变化趋势与纵向长度相反，满足质量守恒定律。同时根据纵向长度的 3 个阶段，将闸控下整个峰值浓度变化过程分为 3 个阶段，即衰减阶段、过渡阶段和稳定阶段。

4）根据闸门调控下污染物输移扩散规律，结合数值模拟结果，采用线性拟合的方法，提出了污染物快速识别公式，其中包括污染物峰值浓度输移距离、纵向长度和峰值浓度计算公式，并且公式计算值与模拟值的相对误差都在 10％以内，能够满足精度要求。

（6）开展调水工程突发水污染事件调控决策研究。

1）首先根据调水工程突发水污染事件风险评价方法，确定突发水污染事件风险等级，然后结合污染物类型及事件风险等级确定应急调控目标。

2）基于污染物快速识别公式，结合输水工程特点，提出了适用于调水工程的突发水污染事件应急调控快速决策模型。

3）根据闸门调控下污染物快速识别公式、冰期安全输水的条件及输水工程特点，针对不同类型污染物提出常规输水和冰期输水下突发水污染事件应急调控策略，主要包括事件渠段应急调控、事件渠段上游段应急调控、事件渠段下游段应急调控。

（7）开展调水工程突发水污染事件调控预案研究。

1）开展调水工程突发水污染事件应急调控预案的研究。南水北调中线工程突发水污染事件的预案应包括中线渠道基本信息、污染事件基本信息、应急调控及处置。开展南水北调中线工程突发水污染事件调控预案研究。

2）构建南水北调中线工程突发水污染事件应急调控预案库。以南水北调中线为例，分别考虑事件发生位置、发生时间、污染类型、调控方案等因素，提出了中线干渠突发可溶事件应急调控预案库、中线干渠突发漂浮油类应急调控预案库及中线总干渠水污染汇入下天津支线应急调控预案库。利用 C＋＋和 C 语言，构建了南水北调中线工程突发水污染事件应急调控预案可视化系统。

3）针对可溶有毒污染物和漂浮油类污染物展开了典型案例说明，然后通过数值模拟验证调控方案的合理性。最后，以示范工程为例，在事件风险等级评价基础上，结合污染事件特性，计算突发水污染事件下的污染物特征参数及闸门关闭时间，根据不同渠段的应急调控原则，提出合理的调控方案，实现控制污染范围、降低污染事件影响的应急要求。

6.2　建议与展望

随着我国水资源优化配置进程的推进，越来越多调水工程投入运行，构建应对突发水污染事件的调水工程突发水污染事件应急调控决策体系的需求日益凸显。未来可考虑在以下方面继续开展研究。

（1）考虑对污染物进入水体后的射流核心区以及扩散区的二维水质数值模拟，探究在这两个阶段内污染物的输移扩散规律。

（2）可考虑研究发生生化反应的污染物输移扩散规律，并且还会考虑其他类型的污染物，进一步提高对任何类型污染物输移扩散规律的掌握。同时，在污染物浓度分析过程中会进一步考虑其他指标，比如 BOD、DO、藻类、总氮、总磷以及总氨等，为水污染处理提供更具体的方案。

（3）建立更完善的室内物理模型实验系统，开展闸门调控下污染物输移扩散研究，进一步验证污染物快速识别公式的准确性，使其更广泛地适用于输水工程应急调控系统中。

（4）由于影响输水工程安全运行的水污染状况类型比较多，需要全面和综合考虑，在这方面略有不足。综合、全面地考虑多种类型水污染事件，并全面分析影响工程安全运行的多种风险因素，在此基础上，建立更全面完善的应急调控决策体系。

参 考 文 献

[1] 张春玲，付意成，臧文斌，等. 浅析中国水资源短缺与贫困关系 [J]. 中国农村水利水电，2013，1：1-4.

[2] 郦建强，王建生，颜勇. 我国水资源安全现状与主要存在问题分析 [J]. 中国水利，2011，23：42-51.

[3] Editors B，Rebbia C A. Water Resources Management [M]. Boston：WIT Press，2001.

[4] Biswas A K. Water for sustainable development in 21 centuries，Adress to 7 word congress on water resource [M]，Morocco：Water International，1991.

[5] 陆雪明，冯明祥，白霜. 浅谈跨流域调水工程及应注意的问题 [J]. 东北水利水电，2004，9：21-23.

[6] 陈进，黄薇. 跨流域长距离调水工程的风险及对策 [J]. 中国水利，2006，14：11-14.

[7] 郭潇，方国华，张哲恺. 跨流域调水生态环境影响评价指标体系研究 [J]. 水利学报，2008，39 (9)：1125-1130.

[8] Zhao Z Y，Zuo J，Zillante G. Transformation of water resource management：a case study of the South-to-North Water Diversion project [J]. Journal of Cleaner Production，2015，8 (66)：1-10.

[9] 杨立信，刘国纬. 国外调水工程 [M]. 北京：中国水利水电出版社，2003.

[10] 沈洪. 国外调水工程纵横谈 [J]. 四川水利，2000，21 (5)：56-58.

[11] 汪秀丽. 国外流域和地区著名的调水工程 [J]. 水利电力科技，2004，30：1-25.

[12] 赵志仁，郭晨. 国内外引（调）水工程及其安全监测概述 [J]. 水电自动化与大坝监测，2005，29 (1)：58-61.

[13] 王光谦，欧阳琪，张远东. 世界调水工程 [M]. 北京：科学出版社，2009.

[14] 郑连第. 中国历史上的跨流域调水工程 [J]. 南水北调与水利科技，2003，1：5-9.

[15] 张杰平. 跨流域调水补偿制度创新研究 [D]. 武汉：武汉大学，2012.

[16] 王鸿志. 万家寨引黄入晋工程概况 [J]. 水利水电工程，1994，4：1-4.

[17] 张佩. 基于经济损益分析的突发水污染风险评估及应对策略研究 [D]. 哈尔滨：哈尔滨工业大学，2015.

[18] 安莹，李生才. 2012 年 3—4 月国内环境事件 [J]. 安全与环境学报，2012 (3)：263-268.

[19] 刘洪喜. 水污染事件频发的原因与对策 [J]. 环境保护与循环经济，2009，29 (5)：55-57.

[20] 韩晓刚，黄廷林. 我国突发性水污染事件统计分析 [J]. 水资源保护，2010（1）：84-86，90.

[21] 陶亚. 复杂条件下突发水污染事件应急模拟研究 [D]. 北京：中央民族大学，2013.

[22] 韩延成. 长距离调水工程渠道输水控制数学模型研究及非恒定流仿真模拟系统 [D]. 天津：天津大学，2007.

[23] 朱德军. 南水北调中线明渠段事件污染特性模拟方法研究 [D]. 北京：清华大学，2007.

[24] 刘晓轻，练继建，马超. 梯形输水明渠溢油运移特性数值模拟与试验研究 [J]. 南水北调与水利科技，2016，14（1）：25-30.

[25] Tang C H, Yi Y J, Yang Z F, et al. Risk analysis of emergent water pollution accidents based on a Bayesian Network [J]. Journal of Environmental Management，2016，165：199-205.

[26] 陈宁，边归国. 我国环境应急监测车的现状与发展趋势 [J]. 中国环境监测，2007，23（6）：41-45.

[27] Leibundgut C, Maloszewski P, Külls C. Tracers in Hydrology [M]. New Jersey：Wiley-Blackwell，2009.

[28] Duarte A A, L Boaventura R A R. Dispersion modelling in rivers for water sources protection, based on tracer experiments. Case studies, Wwai 08：Proceedings of the 2nd International Conference on Waste Management，Water Pollution [C]. Air Pollution，Indoor Climate：205-210.

[29] 宋利祥，杨芳，胡晓张，等. 感潮河网二维水流：输运耦合数学模型 [J]. 水科学进展，2014，25（4）：550-559.

[30] 朱德军. 南水北调中线明渠段事件污染特性模拟方法研究 [D]. 北京：清华大学，2007.

[31] 陈丽萍，蒋军成，殷亮. 突发性危险化学品水污染扩散过程的模拟 [J]. 水动力学研究与进展，2008，22（6）：761-765.

[32] 冯民权，范世平，杨建明，等. 基于非恒定流的污染物迁移扩散随机模拟 [J]. 自然灾害学报，2011，20（5）：11-17.

[33] Tang，C，Yi Y J，Yang Z F，et al. Water pollution risk simulation and prediction in the main canal of the South-to-North water transfer project [J]. Journal of Hydrology，2014，519：2111-2120.

[34] 高学平，张晨，张亚，等. 引黄济津河道水质数值模拟与预测 [J]. 水动力学研究与进展（A辑），2007，22（1）：36-43.

[35] 郭庆园. 南水北调京石段水质迁移转化规律研究 [D]. 青岛：青岛理工大学，2011.

[36] 张晨. 长距离调水工程水质安全研究与应用 [D]. 天津：天津大学，2008.

[37] Chan K W, Jiang Y W. Three-dimensional pollutant transport model for the pearl River Estuary [J]. Water Research，2002，36：2029-2039.

[38] Il Won Seo, Kyong Oh Baek. Estimation of the Longitudinal Dispersion Coefficient Using the Velocity Profile in Natural Streams [J]. Journal of Hydraulic Engineering，2004，130（3）：227-236.

[39] 顾莉，华祖林. 天然河流纵向离散系数确定方法的研究进展 [J]. 水利水电科技进

展，2007，27（2）：85-89.

［40］ 陈媛华. 河流突发环境污染事件源项反演及程序设计［D］. 哈尔滨：哈尔滨工业大学，2011.

［41］ 彭盛华，赵俊琳，翁立达. GIS网络分析技术在河流水污染追踪中的应用［J］. 水科学进展，2002，13（4）：461-466.

［42］ Fan F M, Fleischmann A S, Coollischonn W, et al. Large - scale analytical water quality model coupled with GIS for simulation of point sourced pollutant discharges ［J］. Environmental Modelling & Software, 2015，64：58-71.

［43］ Zhang B. SD - GIS - based temporal - spatial simulation of water quality in sudden water pollution accidents ［J］. Computers and Geosciences, 2011, 37（7）：874-882.

［44］ 杨海东，肖宜，王卓民，等. 突发性水污染事件溯源方法［J］. 水科学进展，2014，25（1）：122-129.

［45］ 王庆改，赵晓宏，吴文军，等. 汉江中下游突发性水污染事件污染物运移扩散模型［J］. 水科学进展，2008，19（4）：500-504.

［46］ 王浩，郑和震，雷晓辉，等. 南水北调中线干线水质安全应急调控与处置关键技术研究［J］. 四川大学学报（工程科学版），2016，48（2）：1-6.

［47］ 王家彪，雷晓辉，廖卫红，等. 基于耦合概率密度方法的河渠突发水污染溯源［J］. 水利学报，2015，46（11）：1280-1289.

［48］ Wei H, Chen W, Sun H, et al. A coupled method for inverse source problem of spatial fractional anomalous diffusion equations ［J］. Inverse Problems in Science and Engineering, 2010，18（7）：945-956.

［49］ Jha M, Datta B. Three - dimensional groundwater contamination source identification using adaptive simulated annealing ［J］. Journal of Hydrologic Engineering, 2012，18（3）：307-317.

［50］ 牟行洋. 基于微分进化算法的污染物源项识别反问题研究［J］. 水动力学研究与进展，2011，26（1），24-30.

［51］ 曹小群，宋军强，张卫民，等. 对流-扩散方程源项识别反问题的MCMC方法［J］. 水动力学研究与进展，2010，25（2）：127-136.

［52］ 陈海洋，腾彦果，王金生，等. 基于Bayesian - MCMC方法的水体污染识别反问题［J］. 湖南大学学报. 自然科学版，2012，39（6）：74-78.

［53］ Cheng W P, Jia Y. Identification of contaminant point source in surface waters based on backward location probability density function method ［J］. Advances in Water Resources, 2010，33（4）：397-410.

［54］ Ellen M, Pierre P. Simultaneous identification of a single pollution point - source location and contamination time under known flow field conditions ［J］. Advances in Water Resources, 2007，30：2439-2446.

［55］ Li Z, Mao X Z, Li T, et al. Estimation of river pollution source using the space - time radial basis collocation method ［J］. Advances in Water Resources, 2016，88：68-79.

［56］ Banumol W J, Oates W E. The theory of environmental policy ［M］. 2nd. New York：

Cambridge University Press, 1988.

[57] 陈述云. 风险评级统计方法论研究 [J]. 统计与决策, 2003 (4): 8 - 10.

[58] Montague D. F. Process risk evaluation - what method to use [J]. Reliab Eng Syst Safety, 1990, 29: 27 - 53.

[59] Jiang J P, Wang P, Lung W S, et al. A GIS - based generic real - time risk assessment framework and decision tools for chemical spills in the river basin [J]. Journal of Hazardous Materials, 2012, 227 - 228: 280 - 291.

[60] Jing L., Chen B., Zhang B, et al. Monte Carlo Simulation - Aided Analytic Hierarchy Process Approach: Case Study of Assessing Preferred Non - Point - Source Pollution Control Best Management Practices [J]. Journal of Environmental Engineering, 2013, 139: 618 - 626.

[61] Hou D B, Ge X F, Huang P J, et al. A real - time, dynamic early - warning model based on uncertainty analysis and risk assessment for sudden water pollution accidents [J]. Environmental Science and Pollution Research, 2014, 21: 8878 - 8892.

[62] Zhang X J, Qiu N, Zhao W R, et al. Water environment early warning index system in Tongzhou District [J]. Natural Hazards, 2015, 75: 2699 - 2714.

[63] 庞振凌, 常红军, 李玉英, 等. 层次分析法对南水北调中线水源区的水质评价 [J]. 生态学报, 2008, 28 (4): 1810 - 1819.

[64] 逄勇, 徐秋霞. 水源地水污染风险等级判别方法及应用 [J]. 环境监控与预警, 2009, 1 (2): 1 - 4.

[65] Zhang X J, Qiu N, Zhao W R, et al. Water environment early warning index system in Tongzhou District [J]. Natural Hazards Review, 2015, 75 (3): 2699 - 2714.

[66] Cheng C Y, Qian X. Evaluation of emergency planning for water pollution incidents in reservoir based on fuzzy comprehensive assessment [J]. Procedia Environmental Sciences, 2010, 2: 566 - 570.

[67] 廖重斌. 环境与经济协调发展的定量评判及其分类体系: 以珠江三角洲城市群为例 [J]. 热带地理, 1999, 19 (2): 171 - 177.

[68] Sun P J, Song W, Xiu C L, et al. Non - coordination in China' s urbanization: assessment and affecting factors [J]. Chinese Geoer Science, 2013, 23: 729 - 739.

[69] Liu Y Q, Xu J P, Luo H W. An Integrated Approach to Modelling the Economy - Society - Ecology System in Urbanization Process [J]. Sustainability, 2014, 6: 1946 - 1972.

[70] 朱华康. 淮河突发性污染的防御体系 [J]. 水资源保护, 1994 (2): 5 - 8.

[71] 丁春生, 曹锋. 突发性环境污染事件的防范对策 [J]. 环境监测管理与技术, 1997, 9 (4): 4 - 5.

[72] 徐彭浩, 吴敏华, 徐建宏. 突发性环境污染事件应急系统及其相应程序 [J]. 中国环境监测, 1998, 14 (5): 31 - 34.

[73] 李红九. 三峡库区航运突发事件预警和应急管理机制 [J]. 武汉理工大学学报 (社会科学版), 2006, 19 (1): 114 - 117.

[74] 何进朝, 李嘉. 突发性水污染事件预警应急系统构思 [J]. 水利水电技术, 2005, 36 (10): 90 - 93.

[75] 宋国君，马中，陈婧，等. 论环境风险及其管理制度建设 [J]. 环境污染与防治，2006，28（2）：100－103.

[76] 郑小真. 关于建设行政区（县）突发性环境污染事件应急小分队的几点思考 [J]. 福建环境，2003，1：58－60.

[77] 黄振芳. 突发性水污染事件的应急处置措施 [C] //中国水利学会. 中国水利学会2008学术年会论文集（下册）. 北京：中国水利水电出版社，2008.

[78] 黄焕坤，李建明. 北江上游2005年镉污染事故处理应急措施效果分析 [J]. 水资源研究，2007，28（2）：31－32.

[79] 曹邦卿，贾虎. 南阳中心城区突发可溶性水污染事故的应急处置研究 [J]. 长江科学院院报，2011，28（8）：72－76.

[80] Bildstein O，Vancon J P. Development of a propagation model to determine the speed of accidental pollution in the rivers [J]. Wst. SCI. Tech，1994，29（3）：181－188.

[81] Desimone R V，AgostaJ M. Oil－spill response simulation：the application of artificial intelligence planning technology，in：simulation for emergency management [M]. San Diego：Society for Computer Simulation，1994.

[82] 王凤林，毕彤. 沈阳市突发性环境污染事件应急地理信息系统 [J]. 环境保护科学，2000，26（2）：8－10.

[83] 江永平. 环境污染应急指挥信息系统 [J]. 中国环境管理，2002（1）：27－29.

[84] 冯文钊，张宏，彭立芹，等. 突发性环境污染事件应急预警网络系统的设计与开发 [J]. 城市环境与城市生态，2002，17（1）：9－11.

[85] 吴小刚，尹定轩，宋洁人，等. 我国突发性水资源污染事件应急机制的若干问题评述 [J]. 水资源保护，2006，2（2）：76－79.

[86] 钟名军. 数字河道水质预警预报研究及应用 [D]. 武汉：武汉大学，2005.

[87] Sorensen J H，Shumpert B L，Vogt B M. Planning for protective action decision making：evacuate or shelter－in－place [J]. Journal of Hazardous Materials，2004，109：1－11.

[88] Li S Y，Zhang Q F. Risk assessment and seasonal variations of dissolved trace elements and heavy metals in the Upper Han River，China [J]. Journal of Hazardous Materials，2010，181：1051－1058.

[89] Li S Y，Li J，Zhang Q F. Water quality assessment in the rivers along the water conveyance system of the Middle Route of the South to North Water Transfer Project（China）using multivariate statistical techniques and receptor modeling [J]. Journal of Hazardous Materials，2011，195：306－317.

[90] Tang CH，Yi Y J，Yang Z F，et al. Risk forecasting of pollution accidents based on an integrated Bayesian Network and water quality model for the South to North Water Transfer Project [J]. Ecological Engineering，2015，11：3824－3831.

[91] Tang C H，Yi Y J，Yang Z F，et al. Risk analysis of emergent water pollution accidents based on a Bayesian Network [J]. Journal of Environmental Management，2016，165：199－205.

[92] Duan W，Chen G，Ye Q，et al. The situation of hazardous chemical accidents in China between 2000 and 2006 [J]. Journal of Hazardous Materials，2011，186：1489－1494.

［93］ Zhang C，Wang G，Peng Y，et al. A Negotiation – Based Multi – Objective，Multi – Party Decision – Making Model for Inter – Basin Water Transfer Scheme Optimization ［J］. Water resources management，2012，26：4029 – 4038.

［94］ Isabel C A，Adriano A B，Pedro M D. Influence of river discharge patterns on the hydrodynamics and potential contaminant dispersion in the Douro estuary ［J］. Water Research，2010，44（10）：3133 – 3146.

［95］ 葛怀凤，秦大庸，周祖昊，等. 基于污染迁移转化过程的海河干流天津段污染关键源区及污染类别分析 ［J］. 水利学报，2011，42（1）：61 – 67.

［96］ He Q，Peng S，Zhai J，et al. Development and application of a water pollution emergency response system for the Three Gorges Reservoir in the Yangtze River，China ［J］. Journal of Environmental Sciences，2011，23（4）：595 – 600.

［97］ Liu J，Guo L，Jiang J，et al. Evaluation and selection of emergency treatment technology based on dynamic fuzzy GRA method for chemical contingency spills ［J］. Journal of hazardous materials，2015，299：306 – 315.

［98］ Shi S G，Cao J C，Feng L，et al. Construction of a technique plan repository and evaluation system based on AHP group decision – making for emergency treatment and disposal in chemical pollution accidents ［J］. Journal of Hazardous Materials，2014，276：200 – 206.

［99］ 邵超峰，鞠美庭. 环境风险全过程管理机制研究 ［J］. 环境污染与防治，2011，33（10）：97 – 100.

［100］ 陈睿. 地方政府突发性水污染事件的应急管理 ［D］. 上海：上海师范大学，2014.

［101］ 段文刚，黄国兵，王才欢，等. 大型调水工程突发事件及应急调度预案初探 ［C］//中国水利学会. 中国水利学会 2008 学术年会论文集（下册）. 北京：中国水利水电出版社，2008.

［102］ 王庆改，赵晓宏，吴文军，等. 汉江中下游突发性水污染事件污染物运移扩散模型 ［J］. 水科学进展，2008，19（4）：500 – 504.

［103］ 彭盛华，赵俊琳，翁立达. GIS 网络分析技术在河流水污染追踪中的应用 ［J］. 水科学进展，2002，13（4）：461 – 466.

［104］ 林秀梅. 谈谈相关系数与偏相关系数在经济变量相关分析中的使用 ［J］. 吉林财贸学院学报，1991，3：72 – 74.

［105］ 吉根林. 遗传算法研究综述 ［J］. 计算机应用与软件，2004，21（2）：69 – 73.

［106］ 高宗强. BOD – DO 水质模型多参数反演的遗传算法 ［J］. 太原理工大学学报，2006，37（5）：600 – 602.

［107］ Liu L，Ranji R S，Maninthakumar G. Contamination source identification in water distribution systems using an adaptive dynamic optimization procedure ［J］. Journal of Water Resources Planning and Management，2011，137（2）：183 – 192.

［108］ 周红新. BP 神经网络用于声波法炉内切圆流场监测的实验研究 ［D］. 武汉：华中科技大学，2005.

［109］ 彭荔红，李祚泳，郑文教，等. 环境污染的投影寻踪回归预测模型 ［J］. 厦门大学学报，2002，41（1）：79 – 83.

［110］ 王久振，余健，徐林，等. 利用粒子群算求解管网污染源反向追踪模型 ［J］. 安

全与环境学报，2014，14（5）：265-270.

[111] 钟名军，李兰，张俐，等. 数字水环境管理系统和数字水质预警预报系统集成 [J]. 中国农村水利水电，2005，12：20-22.

[112] Fischer H B, List E J, Koh R C Y, et al. Mixing in inland and coastal waters [M]. Orlando：Academic press，1979.

[113] 余常昭. 环境流体力学导论 [M]. 北京：清华大学出版社，1992.

[114] 余常昭，M. 马尔科夫斯基，李玉梁. 水环境中污染物扩散输移原理与水质模型 [M]. 北京：中国环境科学出版社，1989.

[115] 格拉夫，阿廷卡拉. 河川水力学 [M]. 赵文谦，万兆惠，译. 成都：成都科技大学出版社，1997.

[116] 李炜. 环境水力学进展 [M]. 武汉：武汉水利电力大学出版社，1999.

[117] H B 费希尔. 内陆及近海水域中的混合 [M]. 清华大学水力学教研组，译. 北京：水利电力出版社，1987.

[118] Fischer H. B. Longitudinal dispersion and turbulent mixing in open-channel flow [J]. Annual Review of Fluid Mechanics，1973，5（1）：59-78.

[119] 傅国伟. 河流水质数学模型及其模拟计算 [M]. 北京：中国环境科学出版社，1987.

[120] 徐国宾. 河工学 [M]. 北京：中国科学技术出版社，2011.

[121] 董志勇. 环境水力学 [M]. 北京：科学出版社，2006.

[122] 练继建，王旭，刘婵玉，等. 长距离明渠输水工程突发水污染事件的应急调控 [J]. 天津大学学报（自然科学与工程技术版），2013，43（1）：44-50.

[123] 周超，陈政，蒋婷婷，等. 突发水污染事件污染云团快速追踪实验研究 [J]. 水资源与水工程学报，2014，25（2）：200-205.

[124] 张素珍，陈臻. 水污染与人类 [J]. 甘肃科技，2005，5：197.

[125] 胡丽娜. 水体中的主要污染物及其危害 [J]. 环境科学与管理，2008，33（10）：62-63，81.

[126] Long Y, Xu G B, Ma C, et al. 2016 Emergency control system based on the analytical hierarchy process and coordinated development degree model for sudden water pollution accidents in the Middle Route of the South-to-North Water Transfer Project in China [J]. Environmental Science and Pollution Research，2016，23（12）：12332-12342.

[127] Zejli K，Azmani A，Khaliissa S. Applying fuzzy analytic hierarchy process（FAHP）to evaluate factors locating emergency logistics platforms [J]. Int. J. Comput. Appl，2012，57（21）：17-23.

[128] Xitlali D G, Rafael P G, Joaquín I, et al. An analytic hierarchy process for assessing externalities in water leakage management [J]. Mathematical and computer modelling，2010，52：1194-1202.

[129] Kordi M, Brandt S A. Effects of increasing fuzziness on analytic hierarchy process for spatial multicriteria decision analysis [J]. Computers，Environment and Urban Systems，2012，36：43-53.

[130] Han D. Population，Economy，Land Urbanization Development Coordination Degree

in the Medium Term to Maturity Transformation Process：A Case Study of Tianjin [J]. Scientific and Technological Management of Land and Resources，2015，32：34－41 (in Chinese with English abstract).

[131] 王晓芳，宗刚. 基于环境经济协调度模型的草场生态系统协调性评价研究 [J]. 安徽农业科学，2010，38（9）：4486－4488.

[132] 赵丽娜，徐国宾. 基于协调发展度的冲积河流的河型判别式 [J]. 泥沙研究，2013，5：10－14.

[133] 毛汉英，陈为民. 人地系统与区域持续发展研究 [M]. 北京：中国科学技术出版社，1995.

[134] 穆杰. 调水工程突发水污染事件风险评价与预警预案研究 [D]. 天津：天津大学，2016.

[135] 杨敏，周芳. 节制闸联合调度控制下明渠输水系统水力控制研究 [J]. 西安理工大学学报，2010，26（2）：202－205.

[136] 李冬锋，左其亭，刘子辉，等. 闸坝调控下重污染河流污染物迁移规律研究 [J]. 人民黄河，2012，34（5）：66－68.

[137] 李冬锋，左其亭. 闸坝调控对重污染河流水质水量的作用研究 [J]. 水电能源科学，2012，30（10）：26－29.

[138] 陈文学，刘之平，吴一红，等. 南水北调中线工程运行特性及控制方式研究 [J]. 南水北调与水利科技，2009，7（6）：8－12，41.

[139] 刘金平，姬长生，李辉. 定权灰色聚类分析在采煤方法评价中的应用 [J]. 煤炭学报，2001，5：493－495.

[140] 刘思峰，党耀国. 灰色系统理论及其应用 [M]. 5版. 北京：科学出版社，2010.

[141] 刘从法，罗日成，雷春燕，等. 基于 AHP 灰色定权聚类的电力变压器状态评估 [J]. 电力自动化设备，2013，33（6）：104－107.

[142] 孙海涛，熊鹰，谢海燕，等. 层次分析法在潜艇总体性能评估中的应用与改进 [J]. 中国舰船研究，2009，4（6）：38－47.

[143] 赵云飞，陈金富. 层次分析法及其在电力系统中的应用 [J]. 电力自动化设备，2004，24（9）：85－89.

[144] 马迪，刘学毅，王顺洪. 基于层次分析法的高速铁路轨道综合评价 [J]. 路基工程，2010，151（6）：6－8.

[145] 吴凤平，程铁军. 基于改进的灰色定权聚类分析的突发事件分级研究 [J]. 中国管理科学，2013，21：110－113.

[146] 刘思峰，谢乃明. 基于改进三角白化权函数的灰评估新方法 [J]. 系统工程学报，2011，26（2）：244－249.

[147] 王化中，强凤娇，贺宝成. 基于改进的中心点三角白化权函数灰评估新方法 [J]. 统计与决策，2014，8：69－72.

[148] 刘学武. 灰色定权聚类在生态移民无土安置区适宜性评估中的应用 [J]. 国土资源科技管理，2015，32（4）：16－22.

[149] Robert K, Marian M, Miroslaw W. Modelling of pollution transport with sediment on the example of the Widawa River [J]. Archives of Environmental Protection, 2013, 39 (2): 29－43.

[150] Yang T H，Wang Y C，Tsung S，C，et al. Applying micro-genetic algorithm in the one-dimensional unsteady hydraulic model for parameter optimization [J]. Journal of hydroinformatics，2014，16：772-783.

[151] 朱德军，陈永灿. 复杂河网水动力数值模型 [J]. 水科学进展，2011，22（2）：203-207.

[152] 王大伟，江勇. 引黄济青工程冰期输水运行研究 [J]. 水利水电工程设计，1996，2：55-58.

[153] 隋觉义，方达宪，汪德胜. 水内冰冰塞堆积演变的研究 [J]. 水利学报，1994，8：42-48.

[154] 穆祥鹏，陈文学，崔巍，等. 长距离输水渠道冰期运行控制研究 [J]. 南水北调与水利科技，2010，8（1）：8-13.

[155] 王亚宜，严敏. 城市供水突发事件的应急预案 [J]. 浙江工业大学学报，2005，33（6）：660-664.

[156] 刘婵玉. 突发水污染事件下明渠输水工程应急调控研究 [D]. 天津：天津大学，2011.

[157] 练继建，王旭，刘婵玉，等. 长距离明渠输水工程突发水污染事件的应急调控 [J]. 天津大学学报（自然科学与工程技术版），2013，43（1）：44-50.

[158] 张大伟. 南水北调中线干线水质水量联合调控关键技术研究 [D]. 上海：东华大学，2013.

[159] 阮燕云，张翔，等. 闸门调控对污染物迁移规律的影响实验研究 [J]. 中国农村水利水电，2009，7：52-60.

[160] 张成，李庆国，钱俊. 大型输水渠道的区间调度方式研究 [J]. 水力发电学报，2014，33（2）：115-121.

[161] 韩延成，高学平. 长距离自流型渠道输水控制的二步法研究 [J]. 水科学进展，2006，17（3）：414-418.

[162] 方神光，吴保生，傅旭东. 南水北调中线干渠闸门调度运行方式探讨 [J]. 水力发电学报，2008，27（5）：93-97.